全国高等院校"十二五"规划教材

近代物理实验
教学指导书

——————————— 王鸿雁　王晓昱　张兰霞　主编

中国农业科学技术出版社

图书在版编目（CIP）数据

近代物理实验教学指导书 / 王鸿雁，王晓昱，张兰霞 . —北京：中国农业
科学技术出版社，2012.8
　ISBN 978 - 7 - 5116 - 0947 - 2

　Ⅰ . ①近…　Ⅱ . ①王…②王…③张…　Ⅲ . ①物理学 – 实验 – 教学研究 – 高
等学校　Ⅳ . ① O41 – 33

中国版本图书馆 CIP 数据核字（2012）第 121955 号

责任编辑　闫庆健　王昕昳
责任校对　贾晓红

出　版　者	中国农业科学技术出版社	
	北京市中关村南大街12号　邮编：100081	
电　　　话	(010) 82106632 (编辑室)　　(010) 82109704 (发行部)	
	(010) 82109709 (读者服务部)	
传　　　真	(010) 82106632	
网　　　址	http://www.castp.cn	
经　销　者	各地新华书店	
印　刷　者	秦皇岛市昌黎文苑印刷有限公司	
开　　　本	787mm×1 092mm　1/16	
印　　　张	6.625	
字　　　数	165千字	
版　　　次	2012年8月第1版　2012年8月第1次印刷	
定　　　价	10.00元	

《近代物理实验教学指导书》编委会

主　编　王鸿雁　王晓昱　张兰霞

副主编　王冀霞　刘晓旭　刘　鑫　赵玉伟

前 言

为了使学生能够更好地完成近代物理实验，扎扎实实地掌握实验中所涉及的综合知识，根据《近代物理实验教学大纲》要求，我们近代物理实验课程组依据物理实验室实验仪器情况编写了此实验指导书。

在本实验指导书过程中，课程组教师充分研究了所用仪器的性能，对实验项目的开发进行了充分讨论，同时对前几届学生的开课情况进行了总结，修改了部分教学内容。这样更有利于学生掌握知识，培养技能。

本实验指导书收集了12个实验项目，具体编写情况说明如下。

电子衍射实验由王鸿雁和刘晓旭共同编写；密立根油滴实验由王鸿雁和王冀霞共同编写；真空获得与真空镀膜由王鸿雁和赵玉伟共同编写；全息照相、激光拉曼实验主要由刘晓旭和张兰霞共同编写；夫兰克—赫兹实验由王晓昱和王鸿雁共同编写；光速测定由张兰霞和刘晓旭共同编写；光纤信息及光通信实验主要由王晓昱和王冀霞编写；法拉第效应主要由刘鑫和王鸿雁共同编写；塞曼效应由刘鑫和张兰霞共同编写；普朗克常数的沉淀、核磁共振两个实验项目由王晓昱编写。

由于时间较为窘促，本指导书还存在很多不足，欢迎广大读者批评批正。

编者

2012 年 6 月

目　录

实验一 光速测定

【知识点介绍】

从16世纪伽利略第一次尝试测量光速以来，各个时期人们都采用最先进的技术来测量光速。现在，光在一定时间中走过的距离已经成为一切长度测量的单位标准，即"米的长度等于真空中光在1/299 792 458秒的时间间隔中所传播的距离"。光速也已经直接用于距离测量，在国民经济建设和国防事业上大显身手，光的速度又与天文学密切相关，光速还是物理学中的一个重要的基本常数，许多其它常数都与它相关，例如光谱学中的里德堡常数，电子学中真空磁导率与真空电导率之间的关系，普朗克黑体辐射公式中的第一辐射常数，第二辐射常数，质子、中子、电子、μ子等基本粒子的质量等常数都与光速相关。而且光速的精确测定还是对爱因斯坦相对论理论的检验。真因为如此，巨大的魅力把科学工作者牢牢地吸引到这个课题上来，几十年如一日，兢兢业业地埋头于提高光速测量精度的事业。

【预习思考题】

［1］相位法测定调制波的波长的原理？
［2］测量光速的实验中如何调整光路，如何定标？
［3］测量光速的实验中光路调整和定标之后，如何等距测λ？如何等相位测λ？

一、实验目的

① 掌握一种新颖的光速测量方法。
② 了解和掌握光调制的一般性原理和基本技术。

二、实验原理

1. 利用波长和频率测速度

物理学告诉我们，任何波的波长都是一个周期内波传播的距离。波的频率是1秒种内发生了多少次周期振动，用波长乘频率得1秒钟内波传播的距离即波速 $C = \lambda \cdot f$

在图1–1中，第1列波在1s内经历3个周期，第2列波在1s内经历1个周期，在1s内两列传播相同距离，所以波速相同，仅第2列波的波长是第1列的3倍。

利用这种方法，很容易测得声波的传播速度。但直接用来测量光波的传播速度，还存在很多技术上的困难，主要是光的频率高达1 014Hz，目前的光电接收器中无法响应频率如此高的光强变化，迄今仅能响应频率在108Hz左右的光强变化并产生相应的光电流。

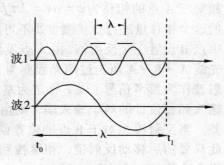

图1–1 两列不同的波

1

2. 利用调制波波长和频率测速度

如果直接测量河中水流的速度有困难，可以采用一种方法，周期性地向河中投放小木块（f），再设法测量出相邻两小木块间的距离（λ），则依据公式波速 $C = \lambda \cdot f$ 即可算出水流的速度。

周期性地向河中投放小木块，为的是在水流上作一特殊标记。我们也可以在光波上作一些特殊标记，称作"调制"。调制波的频率可以比光波的频率低很多，就可以用常规器件来接收。与木块的移动速度就是水流流动的速度一样，调制波的传播速度就是光波传播的速度。调制波的频率可以用频率计精确的测定，所以测量光速就转化为如何测量调制波的波长，然后利用公式 $C = \lambda \cdot f$ 即可计算出光传播的速度。

3. 相位法测定调制波的波长

波长为 $0.65\,\mu m$ 的载波，其强度受频率为 f 的正弦型调制波的调制表达式为：

$$I = I_0 \left[1 + m \cos 2\pi f \left(t - \frac{x}{c} \right) \right]$$

式中 m 为调制度，$\cos 2\pi f (t-x/c)$ 表示光在测线上传播的过程中，其强度的变化犹如一个频率为 f 的正弦波以光速 c 沿 x 方向传播，我们称这个波为调制波。调制波在传播过程中其相位是以 2π 为周期变化的。设测线上两点 A 和 B 的位置坐标分别为 x_1 和 x_2，当这两点之间的距离为调制波波长 λ 的整数倍时，该两点间的相位差为：

$$\varphi_1 - \varphi_2 = \frac{2\pi}{\lambda}(x_2 - x_1) = 2n\pi$$

式中 n 为整数。反过来，如果我们能在光的传播路径中找到调制波的等相位点，并准确测量它们之间的距离，那么这距离一定是波长的整数倍。

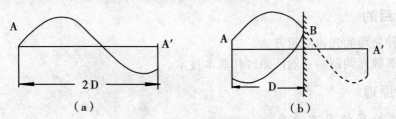

图1-2　相位法测波长原理图

设调制波由 A 点出发，经时间 t 后传播到 A′ 点，AA′ 之间的距离为 2D，则 A′ 点相对于 A 点的相移为 $\varphi = \omega t = 2\pi f t$，见图 1-2(a) 所示。然而用一台测相系统对 AA′ 间的这个相移量进行直接测量是不可能的。为了解决这个问题，较方便的办法是在 AA′ 的中点 B 设置一个反射器，由 A 点发出的调制波经反射器反射返回 A 点，见图 1-2 (b) 所示，光线 A→B→A 所走过的光程亦为 2D，而且在 A 点，反射波的相位落后。如果我们以发射波作为参考信号（以下称之为基准信号），将它与反射波（以下称之为被测信号）分别输入到相位计的两个输入端，则由相位计可以直接读出基准信号和被测信号之间的相位差。当反射镜相对于 B 点的位置前后移动半个波长时，这个相位差的数值改变 2π。因此只要前后移动反射镜，相继找到在相位计中读数相同的两点，该两点之间的距离即为半个波长。

调制波的频率可由数字式频率计精确地测定，由 $C = \lambda \cdot f$ 可以获得光速值。

4．差频法测相位

在实际测相过程中，当信号频率很高时，测相系统的稳定性、工作速度以及电路分布参量造成的附加相移等因素都会直接影响测相精度，对电路的制造工艺要求也较苛刻，因此高频下测相困难较大。为了避免高频下测相的困难，人们通常采用差频的办法，把待测高频信号转化为中、低频信号处理。这样做的好处是易于理解的，因为两信号之间位相差的测量实际上被转化为两信号过零的时间差的测量，而降低信号频率 f 则意味着拉长了与待测的相位差相对应的时间差。经过证明得到差频前后两信号之间的相位差保持不变。

本实验就是利用差频检相的方法，将 $f = 100\text{MHz}$ 的高频基准信号和高频被测信号分别与本机振荡器产生的高频振荡信号混频，得到两个频率为 455kHz、位相差依然为 φ 的低频信号，然后送到位相计中去比相。

5．示波器测相位

（1）单踪示波器法

将示波器的扫描同步方式选择在外触发同步，极性为 + 或 −，"参考"相位信号接至外触发同步输入端，"信号"相位信号接至 Y 轴的输入端，调节"触发"电平，使波形稳定；调节 Y 轴增益，使有一个适合的波幅；调节"时基"，使在屏上只显示一个完整的波形，并尽可能地展开，如一个波形在 X 方向展开为 10 大格，即 10 大格代表为 360°，每 1 大格为 36°，可以估读至 0.1 大格，即 3.6°。

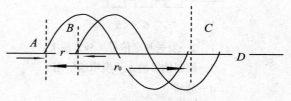

图1-3　示波器测相位

开始测量时，记住波形某特征点的起始位置，移动棱镜小车，波形移动，移动 1 大格即表示参考相位与信号相位之间的相位差变化了 36°。

有些示波器无法将一个完整的波形正好调至 10 大格，此时可以按下式求得参考相位与信号相位的变化量，$\Delta\varphi = \dfrac{r}{r_0} \cdot 360°$，见图 1-3 所示。

（2）双踪示波器法

将"参考"相位信号接至 Y_1 通道输入端，"信号"相位信号接至 Y_2 通道，并用 Y_1 通道触发扫描，显示方式为"断续"。（思考：如采用"交替"方式时，会有附加相移，为什么？）

与单踪示波法操作一样，调节 Y 轴输入"增益"档，调节"时基"档，使在屏幕上显示一个完整的大小适合的波形。

三、实验仪器

实验仪器主要包含光学电路箱、燕尾导轨、带游标反射棱镜小车和示波器，具体见图 1-4 所示。

LM2000A 光速测量仪全长 0.8m，由电器盒、收发透镜组、棱镜小车、带标尺导轨等组成。

1．电器盒

电器盒采用整体结构，稳定可靠，端面安装有收发透镜组，内置收、发电子线路板。侧面有二排 Q9 插座，见图 1-5 所示。Q9 座输出的是将收、发正弦波信号经整形后的方波信号，为的是便于用示波器来测量相位差。

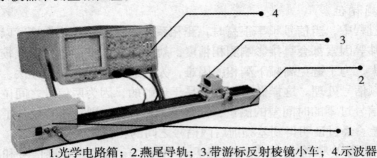

1.光学电路箱；2.燕尾导轨；3.带游标反射棱镜小车；4.示波器

图1-4　光速测定仪图

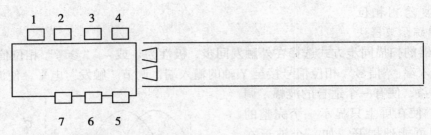

1，2—发送基准信号（5v方波）

3—调制信号输入（模拟通信用）

4—测频

5，6—接收测相信号（5v方波）

7—接收信号电平（0.4～0.6v）

图1-5　Q₉座接线图

2.　棱镜小车

棱镜小车上有供调节棱镜左右转动和俯仰的两只调节把手。由直角棱镜的入射光与出射光的相互关系可以知道，其实左右调节时对光线的出射方向不起什么作用，在仪器上加此左右调节装置，只是为了加深对直角棱镜转向特性的理解。

3.　光源和光学发射系统

采用 GaAs 发光二极管作为光源。这是一种半导体光源，当发光二极管上注入一定的电流时，在 p-n 结两侧的 p 区和 n 区分别有电子和空穴的注入，这些非平衡载流子在复合过程中

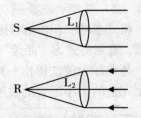

图1-6　收发光学系统原理图

将发射波长为 0.65 μm 的光，此即上文所说的载波。用机内主控振荡器产生的 100MHz 正弦振荡电压信号控制加在发光二极管上的注入电流。当信号电压升高时注入电流增大，电子和空穴复合的机会增加而发出较强的光；当信号电压下降时注入电流减小、复合过程减弱，所发出的光强度也相应减弱。用这种方法实现对光强的直接调制。见图 1-6 所示是发射、接收光学系统的原理图。发光管的发光点 S 位于物镜 L_1 的焦点上。

4．光学接收系统

用硅光电二极管作为光电转换元件，该光电二极管的光敏面位于接收物镜 L_2 的焦点 R 上。光电二极管所产生的光电流的大小随载波的强度而变化。因此在负载上可以得到与调制波频率相同的电压信号，即被测信号。被测信号的位相对于基准信号落后了 $\varphi = \omega t$，t 为往返一个测程所用的时间。

四、实验步骤

1．预热

电子仪器都有一个温飘问题，光速仪和频率计须预热半小时再进行测量。在这期间可以进行线路联接，光路调整，示波器调整和定标等工作。

2．光路调整

先把棱镜小车移近收发透镜处，用小纸片挡在接收物镜管前，观察光斑位置是否居中。调节棱镜小车上的把手，使光斑尽可能居中，将小车移至最远端，观察光斑位置有无变化，并作相应调整，达到小车前后移动时，光斑位置变化最小。

3．示波器定标

按前述的示波器测相方法将示波器调整至有一个适合的测相波形。

4．测量光速

（1）等距测入

在导轨上任取若干个等间隔点（图 1-7），他们的坐标分别为 x_0，x_1，x_2，$\cdots x_i$；x_1-D_1，$x_2-x_0 = D_2$，$\cdots$，$x_i-x_0 = D_i$

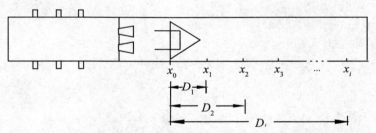

图1-7 根据相移量与反射镜距离之间的关系测定光速

移动棱镜小车，由示波器或相位计依次读取与距离 D_1，D_2，$\cdots$，D_i 相对应的相移量 φ_1，φ_2，$\cdots$，φ_i。

D_i 与 φ_i 间有：

$$\frac{\varphi_i}{2\pi} = \frac{2D_i}{\lambda} \ ; \quad \lambda = \frac{2\pi}{\varphi_i} \cdot 2D_i$$

求得 λ 后，利用 $C = \lambda \cdot f$ 得到光速。调制频率：$f = 100\text{MHz}$。

也可用作图法，以 φ 为横坐标，D 为纵坐标，作 D-φ 线，则该直线斜率的 4π 倍即为光速 C。

为了减小由于电路系统附加相移量的变化给位相测量带来的误差，同样应采取 $x_0-x_1-x_0$ 及 $x_0-x_2-x_0$ 等顺序进行测量。

操作时移动棱镜小车要快、准，如果两次 x_0 位置时的读数值相差 0.1° 以上，需重测。

（2）等相位测 λ

在示波器上或相位计上取若干个整度数的相位点，如 36°，72°，108° 等；在导轨上任取一点为 x_0，并在示波器上找出信号相位波形上一特征点作为相位差 0° 位，拉动棱镜，至某个整相位数时停，迅速读取此时的距离值作为 x_1，并尽快将棱镜返回至 0° 处，再读取一次 x_0，并要求两次 0° 时的距离读数误差不要超过 1mm，否则须重测。

依次读取相移量 φ_i 对应的 D_i 值，由 $\lambda = \dfrac{2\pi}{\varphi_i} \cdot 2D_i$ 计算出光速值 C。

五、仪器的保养

① 仪器不同时，应在导轨上擦些油并用油纸包好，防止生锈和落灰。

② 仪器不用时，棱镜和发射 / 接收管，应用塑料套包好，防止落灰。

六、思考题

① 通过实验观察，你认为波长测量的主要误差来源是什么？为提高测量精度需做哪些改进？

② 如何根据波形求得参考相位与信号相位的变化量？

③ 如何将光速仪改成测距仪？

实验二 全息照相

【知识点介绍】

一般照相机照出的照片都是平面的，没有立体感。用物理术语来说，得到的仅是二维图像，很多信息都失去了。当激光出现后，人类才第一次得到了全息照片。所谓全息照片就是一种记录被摄物体反射（或透射）光波中全部信息的先进照相技术。全息照片不用一般的照相机，而要用一台激光器。激光束用分光镜一分为二，其中一束照到被拍摄的景物上，称为物光束；另一束直接照到感光胶片即全息干板上，称为参考光束。当光束被物体反射后，其反射光束也照射在胶片上，就完成了全息照相的摄制过程。全息照片和普通照片截然不同。用肉眼去看，全息照片上只有些杂乱的条纹。可是若用一束激光去照射该照片，眼前就会出现逼真的立体景物。更奇妙的是，从不同的角度去观察，就可以看到原来物体的不同侧面。而且，如果不小心把全息照片弄碎了，那也没有关系。随意拿起其中的一小块碎片，用同样的方法观察，原来的被摄物体仍然能完整无缺地显示出来。全息照相的原理是利用光的干涉原理，利用两束光的干涉来记录被摄物体的信息。这个理论很早就有人提出过【（1948年伽伯（D. Gabor）曾提出一种无透镜两步成像法，即用一个合适的相干参考波与一个物体的散射波叠加，则此散波的振幅和相位的分布就以干涉图样的形式被记录在感光板上，被记录的干涉图称全息图。用相干光照射全息图，透射光的一部分就能重新模拟出原物的散射波波前，于是重现一个与原物非常逼真的三维图像。因为当时没有足够好的相干光源，所以几乎没有引起人们的注意】，但只有激光才能达到它所要求的高度单色性。因此，只有在激光器诞生以后人们才实现了这一梦想。

目前全息术已从光学发展到微波、X射线和声波等其他波动过程，成为科学技术的一个新领域。

【预习思考题】

1. 全息照相是根据什么原理实现的？它与普通照相的主要区别在哪里？
2. 照相时记录在干板上的是什么？它的再现原理是什么？
3. 为什么实验中要求光路中物光和参考光的光程差$\Delta \approx 0$最理想？
4. 拍好全息照片的基础是什么？提高全息照片质量的重要环节有哪些？

一、实验目的

① 了解全息照相的基本原理。
② 学习静物全息照相的拍摄方法。
③ 了解再现全息物象的性质和方法。

二、实验原理

全息照相的基本原理早在 1948 年就由伽伯（D. Gabor）发现，但是由于受光源的限制（全息照相要求光源有很好的时间相干性和空间相干性），在激光出现以前，对全息技术的研究进展缓慢，20 世纪 60 年代，在激光出现以后，全息技术得到了迅速的发展。目前，全息技术在干涉计量、信息存储、光学滤波以及光学模拟计算等方面得到了越来越广泛的应用。伽伯也因此而获得了 1971 年度的诺贝尔物理学奖。

1. 全息照相与全息照相术

在介绍全息照相的基本原理之前，我们首先来了解一下全息照相和普通照相的区别。总的来说，全息照相和普通照相的原理完全不同。普通照相通常是通过照相机物镜成像，在感光底片平面上将物体发出的或它散射的光波（通常称为物光）的强度分布（即振幅分布）记录下来，由于底片上的感光物质只对光的强度有响应，对相位分布不起作用，所以在照相过程中把光波的位相分布这个重要的信息丢失了。因而，在所得到的照片中，物体的三维特征消失了，不再存在视差，改变观察角度时，并不能看到像的不同侧面。全息技术则完全不同，由全息术所产生的像是逼真的立体像（因为同时记录下了物光的强度分布和位相分布，即全部信息），当以不同的角度观察时，就象观察一个真实的物体一样，能够看到像的不同侧面，也能在不同的距离聚焦。

全息照相在记录物光的相位和强度分布时，利用了光的干涉。从光的干涉原理可知：当两束相干光波相遇，发生干涉叠加时，其合强度不仅依赖于每一束光各自的强度，同时也依赖于这两束光波之间的相位差。在全息照相中就是引进了一束与物光相干的参考光，使这两束光在感光底片处发生干涉叠加，感光底片将与物光有关的振幅和位相分别以干涉条纹的反差和条纹的间隔形式记录下来，经过适当的处理，便得到一张全息照片。

2. 全息照相的基本过程

具体来说，全息照相包括以下两个过程。

（1）波前的全息记录

利用干涉的方法记录物体散射的光波在某一个波前平面上的复振幅分布，这就是波前的全息记录。通过干涉方法能够把物体光波在某波前的位相分布转换成光强分布，从而被照相底片记录下来，因为我们知道，两个干涉光波的振幅比和位相差决定着干涉条纹的强度分布，所以在干涉条纹中就包含了物光波的振幅和位相信息。典型的全息记录装置如图 2-1：从激光器发出的相干光波被分束镜分成两束，一束经反射、扩束后照在被摄物体上，经物体的反射或透射的光再射到感光底片上，这束光称为物光波；另一束经反射、扩束后直接照射在感光底片上，这束光称为参考光波。由于这两束光是相干的，所以在感光底片上就形成并记录了明暗相间的干涉条纹。干涉条纹的形状和疏密反映了物光的位相分布的情况，而条纹明暗的反差反映了物光的振幅，感光底片上将物光的信息都记录下来了，经过显影、定影处理后，便形成与光栅相似结构的全息图 —— 全息照片。所以全息图不是别的，正是参考光波和物光波干涉图样的记录。显然，全息照片本身和原始物体没有任何相似之处。

（2）物光波前的再现

全息图上记录的是十分复杂的干涉条纹，要看到原物的像则必须使全息图能再现物体原来发出或反射的光波，这个过程就被称为全息像再现。全息像再现观察光路如图 2-2 所示。用一束参考光（在大多数情况下是与记录全息图时用的参考光波完全相同）照射在全息图上，在全息片上每一组干涉条纹都可看成一个光栅,当用再现光照射时,由无数组光栅的衍射波叠加而成的 +1 级衍射光波前进的方向正是记录时物光的入射方向,即形成了物光的实际再现光波,从而看到一个没有畸变的与原物完全一样的三维物体虚像。

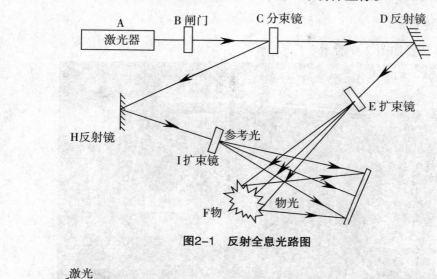

图2-1 反射全息光路图

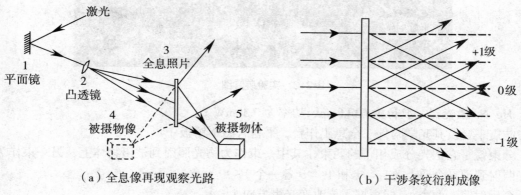

(a) 全息像再现观察光路　　　　(b) 干涉条纹衍射成像

图2-2 光波的再现

1. 全息照相的主要特点和应用

全息照片具有许多有趣的特点:

①片上的花纹与被摄物体无任何相似之处,在相干光束的照射下,物体图像却能如实重现。

②立体感很明显(三维再现性),如某些隐藏在物体背后的东西,只要把头偏移一下,也可以看到。视差效应很明显。

③ 全息图打碎后,只要任取一小片,照样可以用来重现物光波。犹如通过小窗口观察物体那样,仍能看到物体的全貌。这是因为全息图上的每一个小的局部都完整地记录了整个物体的信息(每个物点发出的球面光波都照亮整个感光底片,并与参考光波在整个底片上发生干涉,因而整个底片上都留下了这个物点的信息)。当然,由于受光面积减少,成像光束的强度要相应地减弱;而且由于全息图变小,边缘的衍射效应增强而必然会导致像质的下降。

④在同一张照片上,可以重叠数个不同的全息图。在记录时或改变物光与参考光之间的夹角,或改变物体的位置,或改变被摄的物体等等,一一曝光之后再进行显影与定影,再现

时能一一重现各个不同的图像。

由于具有这些特点，全息照相术现在已经得到了广泛的应用。如全息信息存储和全息干涉分析就是分别应用了所述的第三和第四个特点。

三、实验装置

实验的具体装置如图 2-3 所示。

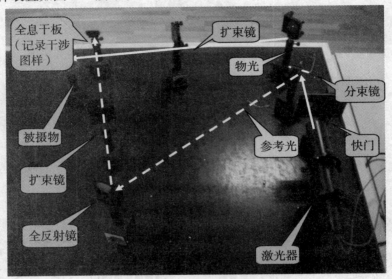

图2-3　实验装置图

He-Ne 激光器：波长为 632.8nm，功率为 3.30mW；

防震平台及其光学附件：全息工作台，平台含磁不锈板；

分束镜：它把光分成相干的两束，其中一束作为物光照射到被摄物体上，另一束作为参考光照射到记录介质上（1∶1 和 1∶9 各一个）；

全反射镜（两个）：能根据需要改变光束方向；

扩束镜（两个）：能扩大激光束的光斑；

被摄物体：小鸡，小鸭等及放置物体的底座；

曝光定时器（1 ~ 999s）及快门；

全息感光版：常采用分辨率为 3 000 条／mm 的天津 GS-Ⅰ型全息干版；

暗室洗相设备：显影液、定影液、暗盒。

四、实验内容与步骤

1.　全息照片的拍摄

（1）光路的调整

①搭建光路，调节等高：以激光器出光的高度为基准，调整各元件等高。

②调节光路等光程：先不放扩束镜将全息光路摆好，以物光光程为基准，调节参考光的光程与其大致相等（光程差在 2cm 之内），被摄物不能离全息干板太远，一般在 10cm 左右，两束光入射到屏上的夹角约为 45° 左右。

③ 调节参考光与物光光强比为（1：1～1：1.5）：a. 先使参考光束照在白屏中间，再插入扩束镜，适当调节扩束镜的位置以使扩束光束中心也照射在白屏中间且光斑大小与白屏的大小吻合；b. 挡住参考光束，首先使物光束均匀照明所拍摄的物体，再使物光束散射光也照射在白屏中间。一定要使参考光与物体散射光在白屏上重合得很好。

④ 合上各光具底座的磁力开关固定各光学器件（至少要将固定全息干板的光具座固定，避免放置干板时使其位置移动。

（2）曝光、拍摄

① 根据物光和参考光的总光强确定曝光时间（已设定 6s）。

② 打开定时器，检测定时器和快门是否正常工作。

③ 关上照明灯（可开暗绿灯），关闭快门挡住激光，将底片从暗室中取出装在底片架上，应注意使乳胶面对着光的入射方向。静置三分钟后进行曝光。曝光过程中绝对不准触及防震台，并保持室内安静。

④ 打开定时器，自动曝光，取下胶片放入已备小盒中并盖好。

2. 全息照片的冲洗

在照相室中，按暗室操作技术规定进行显影、停显、定影、水洗及冷风干燥等工作。

① 以下各步在绿光下操作：将曝光后的底片放入显影液后，若看到底片颜色稍微变黑色后（时间随曝光强度、显影温度而不同，一般在 40～60s）就立即取出放到清水中冲洗片刻，然后立即放入停显液中，片刻后放入定影液中，根据环境温度的不同决定定影时间，一般多于 2min 即可。

② 以下各步在白光下操作：将底片用清水冲洗干净并吹干。在白炽灯下观看，若有干涉条纹，说明拍摄冲洗成功。

3. 物像再现

① 把底片放回拍照时的位置上，挡去物光，用参考光照明，透过底片看去，在原来放物体的位置上，出现一个清晰的、立体的被摄物体像，这就是理想的漫反射全息图像。观察时，注意比较再现虚像的大小、位置与原物的情况，体会全息照相的体视性，具体方式如图2-4所示。

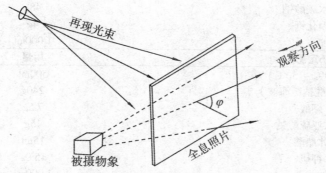

图2-4 全息照片的再现观察方式

② 用未扩束的激光直接照射干板，在另一侧用一白纸屏接收实像。

4. 二次曝光全息照片的拍摄和观察

保持全息防振平台上的各种光学元件和光路不变，将被拍摄物或感光板微微转动一小角度，拍摄二次曝光全息照片。

五、注意事项：

① 不要直视激光，以免损伤眼睛！不要接触高压电源及电极，以免触电！

② 光学元件严禁用手触摸！切轻拿轻放！

③ 因磁座有较强磁场，不要戴手表操作！

④ 曝光时，勿触及全息防震台，不要走动和说话，避免室内振动和空气流动，以免造成不必要的振动干扰，影响全息图的拍摄质量。

⑤ 全息底片是玻璃片基，注意轻拿轻放，防止破碎，防止划伤手指。

⑥ 照相暗室中的显影液、停显液、定影液为固定摆放顺序，不能随意更改，显影液和定影液中的竹夹不能混用，显影的整个过程不能用手摸药面。

六、思考题

① 光学全息实验的条件主要是哪些？

② 根据理论和实验观察写出全息照相和通普照相的异同？

③ 全息物像再现有什么特点和要求？

④ 绘制"三维漫射物"拍摄的全息光路图。

⑤ 如果一张拍好的全息片打碎了或部分污染了，用其中一部分再现，看到的是部分物像？还是整个物像？为什么？

⑥ 观察全息图再现像放大、缩小、等大的条件是什么？

【附录　显影液和定影液配方】

D-19显影液	用量
水 (30 ~ 50℃)	500ml
米吐尔	2.2g
无水亚硫酸钠	72g
对苯二酚	8.8g
无水碳酸钠	48g
溴化钾	4g
加水至	1 000ml
F-5定影液	**用量**
水 (30℃ ~ 50℃)	500ml
硫代硫酸钠（海波）	240g
硼酸	7.5g
无水亚硫酸钠	15g
冰醋酸	15ml
钾矾	15.0g
加水至	1 000ml
漂白液	**用量**
铁氰化钾	15g
溴化钾	15g
加水至	500ml

实验三　真空获得与真空镀膜

【知识点介绍】

压强低于一个标准大气压的稀薄气体空间称为真空。真空分为自然真空和人为真空。自然真空：气压随海拔高度增加而减小，存在于宇宙空间。用真空泵抽掉容器中的气体称为人为真空。真空技术是基本实验技术之一。它在近代尖端科学技术，如表面科学、薄膜技术、空间科学、高能粒子加速器、微电子学、材料科学等工作中都占有关键的地位，在工业生产中也有日益广泛的应用。

在真空状态下，由于气体稀薄，分子之间或分子与其他质点之间的碰撞次数减少，分子在一定时间内碰撞于固体表面上的次数亦相对减少，这导致产生一系列新的物化特性，诸如热传导与对流小，氧化作用少，气体污染小，汽化点低，高真空的绝缘性能好等。

薄膜技术在现代科学技术和工业生产中有着广泛的应用。例如，光学系统中使用的各种反射膜、增透膜、滤光片、分束镜、偏振镜等；电子器件中用的薄膜电阻，特别是平面型晶体管和超大规模集成电路也有赖于薄膜技术来制造；硬质保护膜可使各种经常受磨损的器件表面硬化，大大增强表面耐磨程度；在塑料、陶瓷、石膏和玻璃等非金属材料表面镀以金属膜具有良好的美化装饰效果，有些合金膜还起着保护层的作用；磁性薄膜具有记忆功能，在电子计算机中用作存储记录介质而占有重要地位。

薄膜制备的方法主要有真空蒸发、溅射、分子束外延、化学镀膜等。真空镀膜，是指在真空条件中采用蒸发和溅射等技术使镀膜材料气化，并在一定条件下使气化的原子或分子牢固地凝结在被镀的基片上形成薄膜。真空镀膜是目前用来制备薄膜最常用的方法，真空镀膜技术目前正在向各个重要的科学领域中延伸，引起了人们广泛的注意。

【预习思考题】

1. 什么叫真空？粗真空、低真空、高真空、超高真空、极高真空，对应的压强分别在什么范围？

2. 机械泵主要有哪几部分组成？各自的作用是什么？机械泵的极限真空度是如何产生的？能否克服？

3. 油扩散泵的启动压强应为多少？为什么？为什么在油扩散泵使用过程中必须通冷却水？为什么关闭扩散泵加热电源后不能马上关机械泵、断冷却水？

4. 画出热偶规管的电原理图，试述真空室中压强与热偶规管热偶电动势的关系。

5. 画出电离规管的电原理图，试述电离规管板极电流与真空室中压强的关系。

6. 用热偶计测高真空、用电离计测低真空行不行？如果不做成复合真空计，怎样避免电离计被烧坏？

7. 真空度对镀膜有何影响，为什么压强较高时无法镀膜？

8. 镀膜过程中，为什么要先用挡板挡住蒸发源一段时间？

一、实验目的

① 了解真空技术的基本知识。

② 掌握低、高真空的获得和测量的基本原理及方法。

③ 了解真空镀膜的基本知识。

④ 学习掌握蒸发镀膜的基本原理和方法。

二、实验原理

1. 真空度与气体压强

真空度是对气体稀薄程度的一种客观度量，单位体积中的气体分子数越少，表明真空度越高。由于气体分子密度不易度量，通常真空度用气体压强来表示，压强越低真空度越高。按照国际单位制（SI），压强单位是 N／m^2，称为帕斯卡，简称帕（Pa）。

真空量度单位换算：

1 标准大气压 = 760mmHg = 760(Torr)

1 标准大气压 = 1.013×10^5 Pa

1 Torr = 133.3Pa

通常按照气体空间的物理特性及真空技术应用特点，将真空划分为几个区域，见表 3-1：

表3-1　真空区域划分

低真空	$10^5 \sim 10^3$ Pa
中真空	$10^3 \sim 10^{-1}$ Pa
高真空	$10^{-1} \sim 10^{-6}$ Pa
超高真空	$10^{-6} \sim 10^{-12}$ Pa

2. 真空的获得——真空泵

用来获得真空的设备称为真空泵，其基本原理如图 3-1 所示，真空泵工作使 $P_1 > P_2$，形成压差，实现抽气。

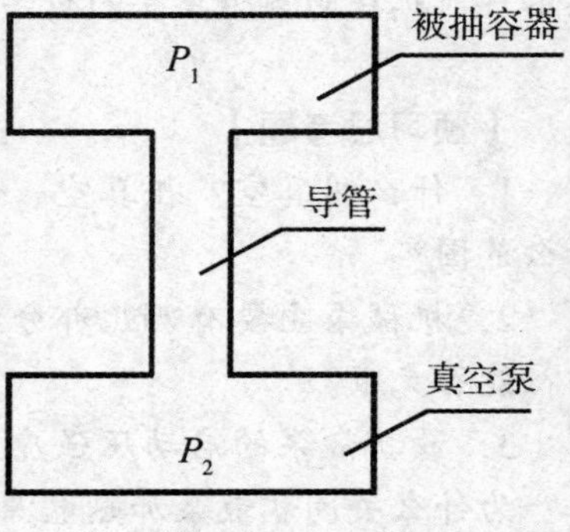

真空泵按其工作机理可分为排气型和吸气型两大类。排气型真空泵是利用内部的各种压缩机构，将被抽容器中的气体压缩到排气口，而将气体排出泵体之外，如机械泵、扩散泵和分子泵等。吸气型真空泵则是在封闭的真空系统中，利用各种表面（吸气剂）吸气的办法将被抽空间的气体分子长期吸着在吸气剂表面上，使被抽容器保持真空，如吸附泵、离子泵和低温泵等。

真空泵的主要性能可有下列指标衡量：

① 极限真空度：无负载（无被抽容器）时泵入口处可达到的最低压强（最高真空度）。

② 抽气速率：在一定的温度与压力下，单位时间内泵从被抽容器抽出气体的体积，单位（L/s）。

③ 启动压强：泵能够开始正常工作的最高压强。

（1）机械泵

机械泵是运用机械方法不断地改变泵内吸气空腔的容积，使被抽容器内气体的体积不断

图3-1　真空泵抽气原理

膨胀压缩从而获得真空的泵。机械泵的种类很多，目前常用的是旋片式机械泵。

图 3-2（a）是旋片式机械泵的结构示意图，它是由一个定子和一个偏心转子构成。定子为一圆柱形空腔，空腔上装着进气管和出气阀门，转子顶端保持与空腔壁相接触，转子上开有槽，槽内安放了由弹簧连接的两个刮板。当转子旋转时，两刮板的顶端始终沿着空腔的内壁滑动。整个空腔放置在油箱内。工作时，转子带着旋片不断旋转，就有气体不断排出，完成抽气作用。旋片旋转时的几个典型位置如图 3-2 右侧所示。当刮板 A 通过进气口（图 3-2（b）所示的位置）时开始吸气，随着刮板 A 的运动，吸气空间不断增大，到图 3-2（c）所示位置时达到最大。刮板继续运动，当刮板 A 运动到图 3-2（d）所示位置时，开始压缩气体，压缩到压强大于一个大气压时，排气阀门自动打开，气体被排到大气中，如图 3-2（e）所示。之后就进入下一个循环，整个泵体必须浸没在机械泵油中才能工作，泵油起着密封润滑和冷却的作用。

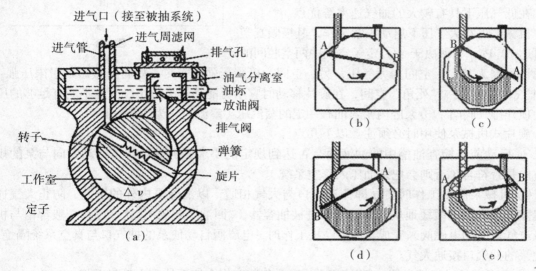

图3-2　旋片式机械泵的结构示意图

当机械泵对体积为 V 的容器抽气时，因泵旋转一周所抽出气体体积为泵的工作体积 ΔV，使被抽体积 V 增大了 ΔV，设抽气前 V 中压强为 P，转子旋转一周后 V 中压强为 P_1，则有：

$$PV = P_1(V + \Delta V)$$

所以，$P_1 = P\left(\dfrac{V}{V + \Delta V}\right)$

同理，设转子旋转二周后，容器 V 中压强为 P_2，则：$P_2 = P_1\left(\dfrac{V}{V + \Delta V}\right) = P\left(\dfrac{V}{V + \Delta V}\right)^2$

第 N 周后，则有：$P_N = P\left(\dfrac{V}{V + \Delta V}\right)^N$

若机械泵每分钟转 n 转，则经 t 分钟后，$N = nt$，容器中的压强 P_t 为：

$$P_t = P\left(\frac{V}{V + \Delta V}\right)^{nt}$$

从上式可以看出，随着时间的延长，被抽容器中的压强逐渐减少（图 3-3），但实际工作中，由于机械泵油的饱和蒸汽压（室温时）约为 10^{-1}Pa，以及泵的结构和泵的加工精度的限制，机械泵只能抽到一定的压强，此最低压强即为机械泵的"极限压强"，一般为 10^{-1}Pa。

机械泵的抽气速率主要取决于泵的工作体积，在抽气过程中，随着机械泵进气口处压强的降低，抽气速率也逐渐减小，当抽到系统的极限压强时，系统的漏放气与抽出气体达到动态平衡，此时抽率为零。目前生产的机械泵多是两个泵腔串联起来的，称为双级旋片机械泵，它比单级泵具有极限真空度高和在低气压下具有较大的抽气速率等优点。

机械泵可在大气压下启动正常工作，其极限真空度可达 10^{-1}Pa，它取决于：①定子空间中两空腔间的密封性，因为其中一空间为大气压，另一空间为极限压强，密封不好将直接影响极限压强；②排气口附近有一"死角"空间，在旋片移动时它不可能趋于无限小，因此不能有足够的压力去顶开排气阀门；③泵腔内密封油有一定的蒸汽压（室温时约为 10^{-1}Pa）。

旋片式机械泵使用时必须注意以下几点。

①启动前先检查油槽中的油液面是否达到规定的要求，机械泵转子转动方向与泵的规定方向是否符合（否则会把泵油压入真空系统）。

②机械泵停止工作时要立即让进气口与大气相通，以清除泵内外的压差，防止大气通过缝隙把泵内的油缓缓地从进气口倒压进被抽容器（"回油"现象）。这一操作一般都由与机械泵进气口上的电磁阀来完成，当泵停止工作时，电磁阀自动使泵的抽气口与真空系统隔绝，并使泵的抽气口接通大气。

③泵不宜长时间抽大气，否则因长时间大负荷工作会使泵体和电动机受损。

（2）扩散泵

扩散泵是利用气体扩散现象来抽气的，最早用来获得高真空的泵就是扩散泵，目前依然广泛使用。油扩散泵的工作原理不同与机械泵，其中没有转动和压缩部件。它的工作原理是通过电炉加热处于泵体下部的专用油，沸腾的油蒸汽沿着伞形喷口高速向上喷射，遇到顶部阻碍后沿着外周向下喷射，此过程中与气体分子发生碰撞，使得气体分子向泵体下部运动进入前级真空泵。扩散泵泵体通过冷却水降温，运动到下部的油蒸汽与冷的泵壁接触，又凝结为液体，循环蒸发。

为了提高抽气效率，扩散泵通常由多级喷油口组成（3、4个），图3-4是一个具有三级喷嘴的扩散泵结构示意图，这样的泵也称为多级扩散泵。扩散泵具有极高的抽气速率，高速定向喷射的油分子

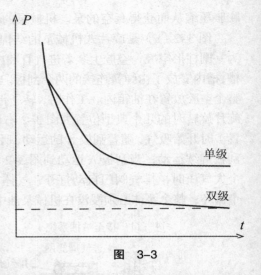

图 3-3

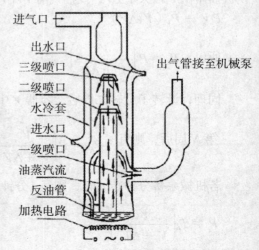

图3-4 三级喷嘴油扩散泵

在喷嘴出口处的蒸汽流中形成一低压，将扩散进入蒸汽流的气体分子带至泵口被前级泵抽走，而油蒸汽在到达泵壁后被冷却水套冷却后凝聚，返回泵底再被利用。由于射流具有工作过程高流速 (200m/s)、高密度、高分子量 (300 ~ 500)，故能有效地带走气体分子。

扩散泵不能单独使用，一般采用机械泵为前级泵，以满足出口压强 (最大 40Pa)，如果出口压强高于规定值，抽气作用就会停止。因为在这一压强下，可以保证绝大部分气体分子以定向扩散形式进入高速蒸汽流。此外若扩散泵在较高空气压强下加热，会导致具有大分子结构的扩散泵油分子的氧化或裂解。油扩散泵的极限真空度主要取决于油蒸汽压和反扩散两部分，目前一般能达到 10^{-5} ~ 10^{-7}Pa。根据扩散泵的工作原理，可以知道扩散泵有效工作一定要由冷水辅助，因此实验中一定要特别注意冷却水是否通畅和是否有足够的压力。另外，扩散泵油在较高的温度和压强下容易氧化而失效，所以不能在低真空范围内开启油扩散泵。油扩散泵一个不容忽视的问题是扩散泵泵油反流进入真空腔室造成污染，对于清洁度要求高的材料制备和分析过程，这样的污染是致命的，所以现在的高端材料制备、分析设备都采用无油真空系统，避免油污染。

3. 真空的测量

真空的测量就是对真空环境气压的测量，考虑到真空环境的特殊性，真空的准确测量是困难的，尤其是高真空和超高真空环境的测量。一般解决思路是现在真空中引入一定的物理现象，然后测量这个过程中与气体压强有关的某些物理量，最后根据特征量与压强的关系确定出压强。对于不是很高的真空，可以通过压强计直接测量，这样的真空计叫做初级真空计或者绝对真空计，中度以上真空需要间接测量，这样的真空计叫做次级真空计或者相对真空计。

测量真空度的装置称为真空计。真空计的种类很多，根据气体产生的压强、气体的黏滞性、动量转换率、热导率、电离等原理可制成各种真空计。由于被测量的真空度范围很广，一般采用不同类型的真空计分别进行相应范围内真空度的测量，常用的有热偶真空计和电离真空计。热偶真空计通常用来测量低真空，可测范围为 10 ~ 10^{-1}Pa，它是利用低压下气体的热传导与压强成正比的特点制成的。电离真空计是根据电子与气体分子碰撞产生电离电流随压强变化的原理制成的，测量范围为 10^{-1} ~ 10^{-6}Pa。

使用时特别注意：当压强高于 10^{-1}Pa 或系统突然漏气时，电离真空计中的灯丝会因高温很快被氧化烧毁，因此必须在真空度达到 10^{-1}Pa 以上时，才能开始使用电离真空计。为了使用方便，常把热偶真空计和电离真空计组合成复合真空计。

本实验中用到的真空计是热电偶真空计和热阴极电离真空计，又叫做热偶规和电离规，其结构如图 3-5 所示。它们的工作原理分别简述如下：

（1）热偶规

它由热偶规管和电测系统构成。在热偶规中，热丝的温度由一个细小的热电偶测量。热电偶就是不同金属绞接构成的，当两个结构温度不同时，有温差电

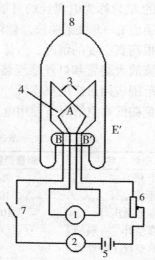

1—mV表；2—mA表；3—加热丝；
4.—热偶；5—加热电丝；6—电位器；
7—开关；8—接真空系统

图3-5　热偶规结构

动势存在，也就是所谓的温差电效应。如图 3-5 所示热偶规管是由一根钨或铂制成的电热丝，另由 AB、AB′ 两根不同金属组成的一对热电偶。热电偶一端（热端）与热丝在 A 点焊接，另两头 B、B′ 分别焊于芯柱引线，再接到毫伏表上。

在铂丝上加一定的电流，铂丝温度升高，热电偶出现温差电动势，它的大小可以通过毫伏计测量。如果加热电流是一定的，那么铂丝的平衡温度在一定的气压范围内取决于气体的压强，所以温差电动势也就取决于气体的压强。热电动势与压强的关系很难通过计算得出，需要绝对真空计校准。然后通过校准曲线对热偶真空计进行定标。经过校准定标后，就可以通过测量热偶规热丝的电动势来指示真空度了。热偶规热丝由于长期处于较高的温度，受到环境气体的作用，故容易老化，所以存在显著的零点漂移和灵敏度变化，需要经常校准。

（2）电离规

如图 3-6 所示，它由电离真空规管和测量电路两部分组成。电离真空规管直接联于被测系统或容器。它由发射电子的阴极，加速并收集电子的螺旋状的栅极，以及收集正离子的圆筒状的板极组成。其结构类似于三极管。热阴极灯丝加热后发射热

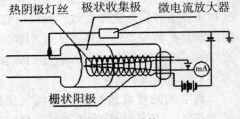

图3-6　电离规结构

电子，栅状阳极具有较高的正电压。热电子在栅状阳极作用下加速并被阳极吸收。由于栅状阳极的特殊形状，除了一部分电子被吸收外，其他的电子流向带有负电的板状收集极，再返回阳极。也就是说部分电子要来回往返几次才能最终被阳极吸收。可以想象，在电子运动的过程中，一定会与气体分子碰撞并电离，电离的阳离子被收集极吸收并形成电流。电子电流 I_e、阳离子电流 I_+ 与气体压强之间满足如下关系：

$$I_+ = I_e K P$$

式中的 K 为称为电离计的灵敏度。通常将电子电流 I_e 保持一定值，然后用绝对真空计来校准。绘出 $I_+ - P$ 关系曲线，就可确定出 K 来。由上述公式可以确定出气压。

对于很高真空度的情况，气体分子很稀薄，所以被电离的气体分子数目很小，因此需要配置微电流放大装置和灯丝稳流装置。电离规的线性指示区域是 $10^{-3} \sim 10^{-7}$ Torr。电离规是中高真空范围应用最广的真空计。低真空范围内，电离规的灯丝和阳极很容易被烧掉，所以一定要避免在低真空情况下使用电离规，表 3-2 为常用真空计极其测量范围。

表3-2　常用真空计极其测量范围

真空计名称	测量范围（Torr）	真空计名称	测量范围（Torr）
水银 U 形真空计	$760 \sim 0.1$	高真空电离真空计	$10^{-3} \sim 10^{-7}$
油 U 形真空计	$100 \sim 0.01$	高压强电离真空计	$1 \sim 10^{-6}$
光干涉油微压计	$10^{-2} \sim 10^{-4}$	B-A 超高真空电离计	$10^{-5} \sim 10^{-10}$
压缩真空计（一般型）	$10 \sim 10^{-5}$	分离规、抑制规	$10^{-9} \sim 10^{-13}$
压缩真空计（特殊型）	$10 \sim 10^{-7}$	宽量程电离真空计	$10^{-1} \sim 10^{-10}$
静态变形真空计	$760 \sim 1$	放射能电离真空计	$760 \sim 10^{-3}$
薄膜真空计	$10 \sim 10^{-4}$	冷阴极磁控放电真空计	$10^{-2} \sim 10^{-7}$
振膜真空计	$1000 \sim 10^{-4}$	磁控管型放电真空计	$10^{-4} \sim 10^{-8}$
热传导真空计	$1 \sim 10^{-3}$	克努曾真空计	$10 \sim 10^{-7}$
热传导真空计	$1000 \sim 10^{-3}$	分压强真空计	$10^{-3} \sim 10^{-5}$

4. 蒸发镀膜

薄膜（thin film）是材料的一种形态，通常意义上的薄膜是指厚度在 及以下数量级上的物质层，其长度、宽度尺寸远远大于厚度尺寸。大多数情况下，薄膜是附着在另外的物质上的，薄膜附着物质叫做衬底（substrate）或者基片，特殊情况下，也有无附着衬底的自支撑薄膜材料。构成薄膜的材料叫做膜材，它可以是单质，也可以是化合物；可以是有机物，也可以是无机物；可以是导体材料，也可以是半导体或者绝缘体材料。从物质结构上说，对于固态薄膜，它可以是非晶态、多晶态或者晶态的。因此，根据标准的不同，薄膜材料的分类是非常多的。

真空蒸发法就是把衬底材料放置到高真空室内，通过加热蒸发材料使之气化（或者称为升华），然后沉积到衬底表面而形成源物质薄膜的方法。

具体方法就是在真空中通过电流加热、电子束轰击加热和激光加热等方法，使薄膜材料蒸发成为原子或分子，它们随即以较大的自由程作直线运动，碰撞基片表面而凝结，形成一层薄膜。蒸发镀膜要求镀膜室内残余气体分子的平均自由程大于蒸发源到基片的距离，尽可能减少蒸发物的分子与气体分子碰撞的机会，这样才能保证薄膜纯净和牢固，蒸发物也不至于氧化。由分子动力学可知气体分子的平均自由程，见式（3-1）：

$$\lambda = \frac{kT}{\sqrt{\pi}\sigma^2 \rho} \tag{3-1}$$

式中 k 为玻尔兹曼常量，T 为气体温度，σ 为气体分子有效直径，p 为气体压强。此式表明，气体分子的平均自由程与压强呈反比，与温度成正比。在 25 ℃ 的空气情况下的计算见式（3-2）：

$$\lambda \approx \frac{6.6 \times 10^{-2}}{\rho}，单位为 m \tag{3-2}$$

对于蒸发源到基片的距离为 0.15 ~ 0.2m 的镀膜装置，镀膜室的真空度须在 $10^{-2} \sim 10^{-4} Pa$ 之间才能满足要求。蒸发镀膜时，薄膜材料被加热蒸发成为原子或分子，在一定的温度下，薄膜材料单位面积的质量蒸发速率由朗谬尔（Langmuir）导出的公式决定，见式（3-3）：

$$G \approx 4.37 \times 10^{-3} P_V \sqrt{\frac{M}{T}}，单位为 kg \cdot m^{-2} \cdot g^{-1} \tag{3-3}$$

式中 M 为蒸发材料的摩尔质量，P_V 为蒸发材料的饱和蒸汽压，T 为蒸发材料温度。材料的饱和蒸汽压随温度的上升而迅速增大，温度变化 10%，饱和蒸汽压就要变化约一个数量级。由此可见，蒸发源温度的微小变化可引起蒸发速率的很大变化。因此，在蒸发镀膜过程中，要想控制蒸发速率，必须精确控制蒸发源的温度。

蒸发镀膜最常用的加热方法是电流加热，采用钨、钼、钽、铂等高熔点化学性能稳定的金属，做成适当形状的加热源，其上装入待蒸发材料，让电流通过加热源，对蒸发材料进行直接加热蒸发，或者把待蒸发材料放入氧化铝、氮化硼或石墨等坩埚中进行间接加热蒸发。例如蒸镀铝膜，铝的熔点为 659℃，到 1 100℃时开始迅速蒸发，常选用钨丝作为加热源，钨的熔化温度为 3 380℃。

在真空镀膜中，飞抵基片的气化原子或分子，除一部分被反射外，其余的被吸附在基片的表面上。被吸附的原子或分子在基片表面上进行扩散运动，一部分在运动中因相互碰撞而结聚成团，另一部分经过一段时间的滞留后，被蒸发而离开基片表面。聚团可能会与表面扩散原子或分子发生碰撞时捕获原子或分子而增大，也可能因单个原子或分子脱离而变小。当聚团增大到一定程度时，便会形成稳定的核，核再捕获到飞抵的原子或分子，或在基片表面进行扩散运动的原子或分子就会生长。在生长过程中核与核合成而形成网络结构，网络被填实即生成连续的薄膜。显然，基片的表面条件（例如，清洁度和不完整性）、基片的温度以及薄膜的沉积速率都将影响薄膜的质量。

这种方法的特点是在高真空环境下成膜，可以有效防止薄膜的污染和氧化，有利于得到洁净、致密的薄膜。

三、实验仪器

DH2010 型多功能真空实验仪。

（1）真空室（图3-7）
（2）真空系统（图3-8）
（3）复合真空计

图3-7 真空室

1—玻璃钟罩；2—蒸发衬套；3—高压电极；
4—蒸发电极；5—蒸发基片台；6—真空室
底板；7—溅射靶；8—溅射基片台；
9—蒸发挡板；10—烘烤加热器；
11—挡板转轴；12—挡板转轴旋钮

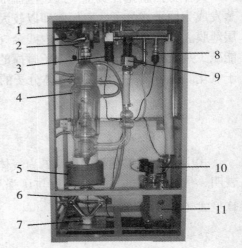

图3-8 真空系统

1—充气阀；2—高真空蝶阀；3—低真空阀；
4—扩散泵；5—扩散泵加热器；6—扩散泵
冷却水进、出接口；7—加热器升降架；
8—前级管路热偶规管；9—前级；
10—机械泵充气阀；11—机械泵

ZD-I 型复合真空计为热偶计与电离真空计的组合，用两个窗口各自显示热偶与电离的测量值，具有较宽的测量范围。仪器前面板设有"自动"按纽键，当处于"自动"位时，可实现热偶、电离规在同一系统内连续测量及控制，在系统真空度大于 1 Pa 时，热偶计自动开启电离规，电离计工作；小于 10 Pa 时，热偶计自动关闭电离规（图 3-9）。

主要技术性能：

①使用环境温度：5 ~ 40℃，相对湿度：≤85%，工作电压：220V，整机功率：约 40W

②真空测量范围：400 ~ 10^{-6}Pa

ZJ-27 型电离规管：10 ~ 10^{-6}Pa；400 ~ 10^{-1}Pa

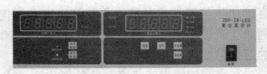

图3-9 复合真空计面板

电离规管自动保护真空值＞10Pa。

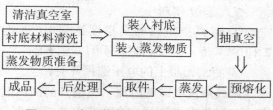

图3-10 真空蒸发金属Al薄膜工艺流程

四、实验内容

本实验介绍的是最为常见的薄膜气相制备方法——真空蒸发法。

本实验是真空蒸发法在玻璃衬底上制备金属Al薄膜，其基本工艺流程如图3-10所示：

注意：实验前请仔细检查各开关的状态，应该处于关断状态。

1. 实验前准备

① 仔细清洗真空镀膜室的玻璃钟罩、用吹风机将钟罩烘干；清洗衬底玻璃基板、钨丝和待蒸发的高纯铝丝；清洗镀膜工作室。

② 将洗净的基片和铝丝放置在指定位置。

③ 将缠绕有蒸发物质（铝丝）的蒸发加热源（钨丝）固定到蒸发电极上，注意在固定的时候一定要水平，否则蒸发物质熔化后会向一侧流动，影响薄膜的均匀性，也影响薄膜的纯度。

④ 放置真空玻璃钟罩。

⑤ 检查确认设备各部件完好，连接安全（注意接地）。检查真空气路管路连接规范是否完好。

⑥ 接通循环水管路，关闭高真空蝶阀。

2. 真空室抽真空

① 开启总电源，面板上的电源指示灯点亮（如果没有接通冷却水，仪器会启动断水报警，此时只要将冷却水接通即可消除报警），将控制面板上的工作选择开关调到机械泵，启动机械泵，机械泵开始工作。同时打开机械泵充气阀、低抽阀，对真空室进行粗抽。

② 开启复合真空计电源。此时热偶II单元显示的是管路压力，复合真空计单元显示的是真空室内压力。

③ 观察热偶计示数变化，当复合真空计单元测量的真空室真空度达到5Pa时（此时复合计单元通过热偶规管测量真空室压力），将工作选择打到扩散泵，此时关闭了低抽阀，打开前级阀（机械泵对扩散泵抽真空），当热偶II单元显示的压力到3Pa时，将工作选择至扩散泵工作，接通扩散泵加热电源（接通加热电源开关），接通电源后，通过PID温控器加热扩散泵。依次提高设定的加热温度为50℃、100℃、180℃、250℃。

④ 加热10min左右后，等扩散泵正常工作后，将高真空蝶阀打开，通过扩散泵对真空室抽气，当热偶测量真空室的压力到1Pa以下，真空计自动开启电离规管测量。

⑤ 结合扩散泵的工作原理观察油扩散泵的工作过程。

⑥ 当扩散泵正常工作约50min后，在这段工作时间内，可通过开启基片加热电源对真空室内进行烘烤除气，一般烘烤温度控制在200℃左右，同时可通过开启真空计面板上的除气按键，对电离规管进行除气，一般除气时间为3min。

⑦ 随真空度的增高，关闭真空计，可进行蒸镀铝膜实验。

3. 蒸镀铝膜

① 待真空室内的真空度达到 10^{-3}Pa 时，可开始蒸镀铝膜。（蒸镀铝膜真空度一般在 $2 \times 10^{-2} \sim 5 \times 10^{-3}$Pa 范围都可以进行）。

② 将前面板上的电压选择开关调至"蒸发"档，通过调节电压调节旋钮调节蒸发电压，逐步调高蒸发电源的电流。缓慢升高加热电流，使得加热电流保持在 20A 左右持续 3min 左右，此时观察电离规，会发现系统真空度要经历一个先下降再上升的过程。原因是吸附在蒸发物质和蒸发加热源物质上的气体分子和少量的有机物燃物被解吸附并被真空机组抽出真空室。进一步升高加热电流到 30 ~ 40A，仔细观察加热源物质，会发现在加热电流作用下其呈现暗红色，这时的温度大致有 450℃。继续缓慢升高加热电流，蒸发源物质和蒸发物质颜色逐渐呈现红色、明亮的红色，此时温度在 600 ~ 700℃，当加热电流达到 50A 左右，加热源物质和加热物质颜色呈现红白色，仔细观察蒸发源物质，其形态发生变化，表面出现软化情况，随着时间的持续，原本固态的蒸发物质熔化并在蒸发加热物质上铺展开来。增大加热电流到 75A 并移开蒸发挡板开始蒸发并计时。达到要求时间后迅速降低电流到 0，蒸发过程结束。

③ 一般情况下要求的真空度要满足的条件是：分子平均自由程是蒸发源物质与衬底间距的 3 倍以上，否则会影响样品的纯度。

④ 蒸镀铝膜完毕后，将电压选择开关至"断"档，切断蒸发电源。

⑤ 观察真空室压力的变化，记下真空室的压力。关闭高真空蝶阀。

⑥ 将工作选择打到"扩散泵"档，当真空室真空度低于 1Pa 时，关闭电离规管测量，按一下"自动"按键，关闭自动测量功能，再按一下"关电离"按键，则关闭了电离规管测量，而转入热偶规管测量真空室压力。

⑦ 记录真空室的压力与时间的关系，开始每隔 2s 记录一次，真空度变化慢时视情况延长测量时间间隔，直到真空度降低至 10Pa 数量级，停止记录，做系统漏率曲线。

4. 关机步骤

① 此时扩散泵电源已关，工作选择处于"扩散泵"状态，高真空蝶阀处于关闭状态；机械泵继续工作，冷却水继续接通，对扩散泵内的泵油进行冷却。

② 机械泵继续工作，直到扩散泵油的温度低于 50℃，同时管路真空度在 Pa 数量级时，将工作选择打在"机械泵"。

③ 切断水源，关闭真空计电源。

④ 将工作选择打向"断"，接通充气电源开关，同时将面板上的流量计开启到最大流量，往真空室内充入大气，打开钟罩，取出样品、蒸发衬套。

⑤ 清洗真空室、蒸发衬套等附件。并用风机吹干净后将真空室安装好，将工作选择开关至"机械泵"档，对真空室进行粗抽，打开真空计电源，当真空室压力在几 Pa 数量级后，将工作选择开关至"断"档，使真空室保持在真空状态。关闭真空计电源。

⑥ 切断总电源开关，拔下总电源插头。

五、注意事项

① 注意基片表面保持良好的清洁度，被镀基片表面的清洁程度直接影响薄膜的牢固性和均匀性，基片表面的任何微粒、尘埃、油污及杂质都会大大降低薄膜的附着力。为了使薄膜

有较好的反射光的性能，基片表面应平整光滑。镀膜前基片必须经过严格的清洗和烘干。基片放入镀膜室后，在蒸镀前有条件时应进行离子轰击，以去除表面上吸附的气体分子和污染物，增加基片表面的活性，提高基片与膜的结合力。

② 将材料中的杂质预先蒸发掉（"预熔"）。蒸发物质的纯度直接影响着薄膜的结构和光学性质，因此除了尽量提高蒸发物质的纯度外，还应设法把材料中蒸发温度低于蒸发物质的其他杂质预先蒸发掉，而不要使它蒸发到基片表面上。在预熔时用活动挡板挡住蒸发源，使蒸发材料中的杂质不能蒸发到基片表面。预熔时会有大量吸附在蒸发材料和电极上的气体放出，真空度会降低一些，故不能马上进行蒸发，应测量真空度并继续抽气，待真空度恢复到原来的状态后，方可移开挡板，加大蒸发电极的加热电流，进行蒸镀。

注意：只要真空室充过气，即使前次已"预熔"过或蒸发过的材料也必须重新预熔。

③ 注意使膜层厚度分布均匀。均匀性不好会造成膜的某些特征随表面位置的不同而变化，让蒸发源与基片的距离适当远些，使基片在蒸镀过程中慢速转动，同时使工件尽量靠近转动轴线放置。

④ 扩散泵连续工作时，落下钟罩后必须先对钟罩抽低真空，当达到 6 ~ 7Pa 后再开高阀，绝对不容许直接抽高真空，以避免扩散泵油氧化。

⑤ 中途突然停电，应立即将工作选择开关至"断"，切断高真空测量，关闭高真空蝶阀，来电后，待机械泵工作 2 ~ 3min 后，再恢复正常工作。

⑥ 镀膜工作进行 2 ~ 3 次后，必须及时清洗镀膜室内零件，避免蒸发物质大量进入真空系统而损害真空性能。采用酒精清洗，清洗干净后用热吹风机将各零部件吹干，装配时应注意保持清洁。

⑦ 泵在使用时切勿断水，如突然断水应即关电炉，安排就绪后，应先开启机械泵等系统中真空度达到 15Pa 时，接通冷却水，方可开启电炉加热。

⑧ 如果扩散泵正常工作一段时间后，真空室真空度仍不能提高，则说明系统漏气率太大，应当关闭高真空蝶阀，检查系统漏率符合要求后再打开高真空蝶阀进行抽气。

⑨ 使用结束后先应切断热源等泵冷却后方可停止机械泵工作。以防"工作液"氧化。

⑩ 在真空系统停止工作时，如无特殊要求，应将系统各元件保持在真空状态下封存，但机械泵内应通大气。

⑪ 真空室不能在大气下超过 1h。

⑫ 扩散泵在稳定的工作状态下，不应超过最大气体负荷能力（最大抽气量）。应该尽量避免在 15 ~ 10^{-1}Pa 的压力范围内长期工作，因为在这些压力范围内，扩散泵和粗抽泵有最大的返流率。

⑬ 扩散泵工作时应经常检查泵是否有局部过热，检查冷却水温，水温过高时应加大冷却水量。

⑭ 扩散泵的使用环境应符合规定，如果室温高于 35℃，湿度大于 80%，扩散泵的性能会大大下降。

⑮ 扩散泵正常工作时，如真空系统的真空计规管打碎或放气阀突然打开时，应马上关闭高真空蝶阀，防止泵油氧化。

六、思考题

① 在热偶计使用中，电流调节对精度有何影响？为什么？

② 进行真空镀膜为什么要求有一定的真空度？

③ 为了使膜层比较牢固，怎样对基片进行处理？

④ 复合真空计使用时需注意什么？

⑤ 简述油扩散泵的工作原理，例举几种高真空泵。

⑥ 一般常用的物理镀膜方式有几种？

⑦ 关机时为何要将大气放入机械泵？

⑧ 蒸发镀膜适用于镀什么材料？

⑨ 气体分子的平均自由程与气体压强有什么关系？给出其表达式。

实验四　法拉第效应

【知识点介绍】

法拉第效应显示了光和电磁现象之间的联系，促进了对光的本性的研究。法拉第效应有许多重要的应用，尤其在激光技术发展后，其应用价值越来越受到重视。如用于光纤通讯中的磁光隔离器，是应用法拉第效应中偏振面的旋转只取决于磁场的方向，而与光的传播方向无关，这样使光沿规定的方向通过，同时阻挡反方向传播的光，从而减少光纤中器件表面反射光对光源的干扰；磁光隔离器也被广泛应用于激光多级放大和高分辨率的激光光谱，激光选模等技术中。在磁场测量方面，利用法拉第效应弛豫时间短的特点制成的磁光效应磁强计可以测量脉冲强磁场、交变强磁场。在电流测量方面，利用电流的磁效应和光纤材料的法拉第效应，可以测量几千安培的大电流和几兆伏的高压电流。因此，学习法拉第效应的应用，是十分必要的。

【预习思考题】

1. 什么叫法拉第效应？
2. 磁光调制原理是什么？

一、实验目的

① 了解磁光效应现象和法拉第效应的机理。
② 测量磁致旋光角，验证法拉第—费尔德定律。
③ 法拉第效应与自然旋光的区别。
④ 了解磁光调制原理。

二、实验原理

1. 法拉第效应

1845 年，法拉第在探索电磁现象和光学现象之间的联系时发现，当平面偏振光穿透某种介质时，若在沿平行于光的传播方向施加一磁场，光波的偏振面会发生旋转，实验表明，其旋转角正比于外加的磁感应强度，这种现象称为法拉第（Faraday）效应，也称磁致旋光效应或磁光效应（图4-1）。

法拉第效应的定量描述是法拉

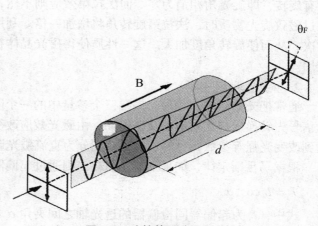

图4-1　法拉第磁致旋光效应

第一费尔德定律，见式4-1：

$$\theta = VBL \tag{4-1}$$

式中 θ 为旋光角，B 为磁场磁感应强度，L 为光波在介质中的路径，V 为表征磁致旋光效应特征的比例系数，称为费尔德常数。由于磁致旋光的偏振方向会使反射光引起的旋角加倍，而与光的传播方向无关，利用这一特性在激光技术中可制成具有光调制、光开关、光隔离、光偏转等功能性磁光器件，其中磁光调制为其最典型的一种。

费尔德常数 V 与磁光材料的性质有关，对于顺磁、弱磁和抗磁性材料（如重火石玻璃等），V 为常数，即 θ 与磁场强度 B 有线性关系；而对铁磁性或亚铁磁性材料（如 YIG 等立方晶体材料），θ 与 B 不是简单的线性关系。

表4-1为几种物质的费尔德常数。几乎所有物质（包括气体、液体、固体）都存在法拉第效应，不过一般都不显著。

不同的物质，偏振面旋转的方向也可能不同。习惯上规定，以顺着磁场观察，偏振面旋转绕向与磁场方向满足右手螺旋关系的称为"右旋"介质，其费尔德常数 $V > 0$；反向旋转的称为"左旋"介质，费尔德常数 $V < 0$。

表4-1 几种材料的费尔德常数（单位:弧分/特斯拉·厘米）

物质	波长（nm）	V
水	589.3	1.31 102
二硫化碳	589.3	4.17 102
轻火石玻璃	589.3	3.17 102
重火石玻璃	830.0	8 102 ~ 10 102
冕玻璃	632.8	4.36 102 ~ 7.27 102
石英	632.8	4.83 102
磷素	589.3	12.3 102

对于每一种给定的物质，法拉第旋转方向仅由磁场方向决定，而与光的传播方向无关（不管传播方向与磁场同向或者反向），这是法拉第磁光效应与某些物质的自然旋光的重要区别。自然旋光的旋光方向与光的传播方向有关，即随着顺光线和逆光线的方向观察，线偏振光的偏振面的旋转方向是相反的，因此当光线往返两次穿过固有旋光物质时，线偏振光的偏振面没有旋转，即旋光角相消为零。而法拉第效应则不然，在磁场方向不变的情况下，光线往返穿过磁致旋光物质时，法拉第旋转角将增加一倍。利用这一特性，可以使光线在介质中往返数次，从而使旋转角度加大。这一性质使得磁光晶体在激光技术、光纤通信技术中获得重要应用。

2. 磁光调制

通常把光的频率、相位、振幅三个参量中的一个随外加信号而变化称为磁光调制。它将电信号先转换成与之对应的交变磁场，由磁光效应改变在介质中传输的光波的偏振态，从而达到改变光强等参数的目的。磁光调制分为直流磁光调制和交流磁光调制。

根据马吕斯定律，如果不计光损耗，则通过起偏器，经检偏器输出的光强见式（4-2）：

$$I = I_0 \cos^2 \alpha \tag{4-2}$$

式中，I_0 为起偏器同检偏器的透光轴之间夹角 $\alpha = 0$ 或 $\alpha = \pi$ 时的输出光强。若在两个偏振器之间加一个由励磁线圈（调制线圈）、磁光调制晶体和低频信号源组成的低频调制器，则调制励磁线圈所产生的正弦交变磁场 $B = B_0\sin\omega t$，能够使磁光调制晶体产生交变的振动面转角 $\theta = \theta_0\sin\omega t$，$\theta_0$ 称为调制角幅度。此时输出光强由式（4-2）变为：

$$I = I_0\cos^2(\alpha + \theta) = I_0\cos^2(\alpha + \theta_0\sin\omega t)$$ （4-3）

由式（4-3）可知，当 α 一定时，输出光强 I 仅随 θ 变化，因为 θ 是受交变磁场 B 或信号电流 $i = i_0\sin\omega t$ 控制的，从而使信号电流产生的光振动面旋转，转化为光的强度调制，这就是磁光调制的基本原理。

根据倍角三角函数公式由式（4-3）可以得到式（4-4）：

$$I = \frac{1}{2}I_0[1 + \cos 2(\alpha + \theta)]$$ （4-4）

由（4-4）式看出，由于 θ 随 ω 的摆动，最终由检偏器输出的光强也随 ω 变化，即实现了磁光调制。

显然，在 $0° \leqslant \alpha + \theta \leqslant 90°$ 的条件下，当 $\theta = -\theta_0$ 时输出光强最大，即：

$$I_{max} = \frac{I_0}{2}[1 + \cos 2(\alpha - \theta_0)]$$ （4-5）

当 $\theta = \theta_0$ 时，输出光强最小，即

$$I_{min} = \frac{I_0}{2}[1 + \cos 2(\alpha + \theta_0)]$$ （4-6）

定义光强的调制幅度：

$$A \equiv I_{max} + I_{min}$$ （4-7）

由式（4-5）和（4-6）代入上式得到

$$A = I_0\sin2\alpha\sin2\theta$$ （4-8）

由上式可以看出，在调制角幅度 θ_0 一定的情况下，当起偏器和检偏器透光轴夹角 $\alpha = 45°$ 时，光强调制幅度最大，即：

$$A_{max} = I_0\sin 2\theta_0$$ （4-9）

所以，在做磁光调制实验时，通常将起偏器和检偏器透光轴成 45° 角放置，此时输出的调制光强由式（4-4）知：

$$I\big|_{\alpha=45°} = \frac{I_0}{2}(1 - \sin 2\theta)$$ （4-10）

当 $\alpha = 90°$ 时，即起偏器和检偏器偏振方向正交时，输出的调制光强由式（4-3）知：

$$I\big|_{\alpha=90°} = I_0\sin^2\theta$$ （4-11）

当 $\alpha = 0°$，即起偏器和检偏器偏振方向平行时，输出的调制光强由式（4-3）知：

$$I\big|_{\alpha=0°} = I_0\cos^2\theta$$ （4-12）

若将输出的调制光强入射到硅光电池上，转换成光电流，在经过放大器放大输入示波器，就可以观察到被调制了的信号。当 $\alpha = 45°$ 时，在示波器上观察到调制幅度最大的信号，当 $\alpha = 0°$ 或 $\alpha = 90°$ ，在示波器上可以观察到由式（4-11）和（4-12）决定的倍频信号。但是因为 θ 一般都很小，由式（4-11）和（4-12）可知，输出倍频信号的幅度分别接近于直流分量 0 或 I_0。

定义磁光调制器的光强调制深度 η：

$$\eta = \frac{I_{max} + I_{min}}{I_{max} - I_{min}} \quad (4-13)$$

实验中，一般要求在 $\alpha = 45°$ 位置时，测量调制角幅度 θ_0 和光强调制深度 η，因为此时调制幅度最大。

当 $\alpha = 45°$，$\theta = -\theta_0$ 时，磁光调制器输出最大光强，由式（4-10）知：

$$I_{max} = \frac{I_0}{2}(1 + \sin 2\theta_0) \quad (4-14)$$

当 $\alpha = 45°$，$\theta = +\theta_0$ 时，磁光调制器输出最小光强，由式（4-10）知：

$$I_{min} = \frac{I_0}{2}(1 - \sin 2\theta_0) \quad (4-15)$$

由式（4-14）和（4-15）得

$I_{max} - I_{min} = I_0 \sin 2\theta_0$，$I_{max} + I_{min} = I_0$，

所以有：

$$\eta = \frac{I_{max} - I_{min}}{I_{max} + I_{min}} \sin 2\theta_0 \quad (4-16)$$

调制角幅度 θ_0 为

$$\theta_0 = \frac{1}{2}\sin^{-1}\frac{I_{max} - I_{min}}{I_{max} + I_{min}} \quad (4-17)$$

由式（4-16）和（4-17）可以知道，测得磁光调制器的调制角幅度 θ_0，就可以确定磁光调制器的光强调制深度 η，由于 θ_0 随交变磁场 B 的幅度 B_m 连续可调，或者说随输入低频信号电流的幅度 i_0 连续可调，所以磁光调制器的光强调制深度 i_0 连续可调。只要选定调制频率 f（如 $f = 500Hz$）和输入励磁电流 i_0，并在示波器上读出在 $\alpha = 45°$ 状态下相应的 I_{max} 和 I_{min}（以格为单位）。将读出的 I_{max} 和 I_{min} 值，代入式（4-16）和（4-17），即可以求出光强调制深度 η 和调制角幅度 θ_0。逐渐增大励磁电流 i_0 测量不同磁场 B_0 或电流 i_0 下的 I_{max} 和 I_{min} 值，做出 $\theta_0 - i_0$ 和 $\eta - i_0$ 曲线图，其饱和值即为对应的最大调制幅度 $(\theta_0)_{max}$ 和 η_{max} 最大光强调制幅度。

三、实验仪器

CC-Ⅰ型磁光调制实验仪 主要由光源 (He-Ne 激光器)，电源控制箱，起偏器，样品，检偏器，反射镜，螺线管线圈，接收光屏，光电检测器组成。

1. 电源控制箱面板（图4-2）

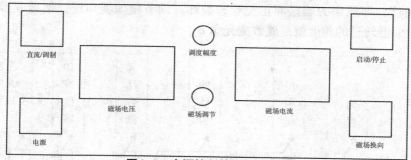

图4-2　电源控制箱面板

电源控制箱为螺线管线圈提供直流励磁电流以及正弦交流调制信号。

① 电源按键：按下时总电源接通，键灯亮；按键抬起时总电源断。

② 启动/停止按键：按下时接通励磁输出，键灯亮；按键抬起断开励磁输出。

③ 直流/调制按键：按下时为直流励磁状态；按键抬起为正弦交流调制状态＋直流励磁（这时直流励磁电流最大为 2.0 ~ 2.5A）。

④ 磁场换向按键：用来改变直流励磁电流方向。按下时经过一短时，延时键灯亮，表示换向完成。抬起时键灯灭，再次换向。在启动/停止按键接通时，换向状态被保持，不能改变。只有在启动/停止按键抬起停止输出时，才能换向。

⑤ 磁场调节选钮：改变直流励磁电流大小。接通总电源之前，将该选钮逆时针旋至电流为 0；实验完毕，在逆时针旋至电流为 0。

⑥ 调制幅度旋钮：改变正弦交流调制幅度大小。实验前，将选钮逆时针旋至最小。

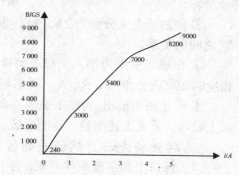

图4-3　励磁电流与磁感应强度的关系曲线

2. 磁场和样品介质

磁场螺线圈长为 200mm，匝数为 2 100 匝。励磁电流与磁感应强度的关系曲线如图 4-3 所示。

样品介质 ZF6 为重火石玻璃呈三棱镜（顶角为 60°）的形状，样品固定在电磁铁两极之间的夹具上。

四、实验内容及步骤

1. 测量磁致旋光角，验证规律

$$\theta = VBL$$

① 装置见图 4-4，暂时不加反射镜 3 和 8，先在螺线管中插入一根玻璃棒样品，接通激光器开关，调整光路。调整激光器垂直高度 13，径向调节 15，螺线管水平调节 7、径向调节 16 和垂直高度调节 14，使激光束穿过样品出射到接收光屏上。调整检偏器角度调节 11，使角度盘读数为 0，然后旋转起偏器 2，使光屏上激光斑消失，说明起偏器和检偏器正交。接通电源控制箱电源开关，选择直流输出。按下启动/停止按键，即加上磁场，调节磁场调节，

使磁场电流为1A，此时接收屏上会出现激光光斑，说明在磁场作用下，样品把光的偏振面旋转了一个角度，即原来的偏振面正交状态破坏。调节检偏器角度，使接收屏上的激光斑消失，这时检偏器转过的角度就是磁致旋光角 θ_1。

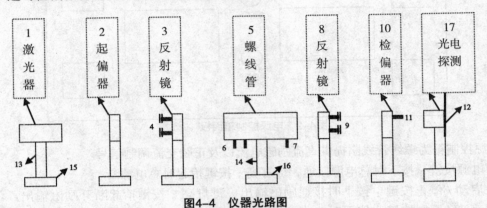

图4-4 仪器光路图

② 使磁场电流分别为2A，3A，重复上述测量，可测得旋光角为 θ_2，θ_3。得出 θ_2、θ_3 与 θ_1 之间的关系。

③ 在螺线管中再插入一根玻璃棒，使样品长度增加一倍，重复以上测量。测得并记录相应的磁致旋光角 θ_4，θ_5，θ_6，得出与 θ_1 的关系。

④ 停止磁场输出，再按下磁场换向开关,也即改变磁场方向。再按下启动/停止按键开关,加上磁场，重复上述测量，检测磁致旋光角的旋转方向的改变。

2. 磁致旋光与自然旋光的区别实验

（1）保持上面实验条件不变，停止磁场输出，按下磁场换向开关，即改变磁场方向，再次按下启动/停止按键开关，加上磁场，这时可检测到磁致旋光角的旋转方向随之改变。

（2）在光路图中加上反射镜（3和8）见图4-5，让激光束从反射镜3下方穿过样品射到反射镜8上，调节反射镜8（调节钮9）使反射光再次穿过样品射到反射镜3，再调节反射镜3（调节钮4），使反射光再次穿过样品，并从反射镜8的上方出射。测出磁致旋光角应为光单次通过样品时的3倍，说明磁致旋光角的旋转方向与光的传播方向无关，仅于磁场方向有关。

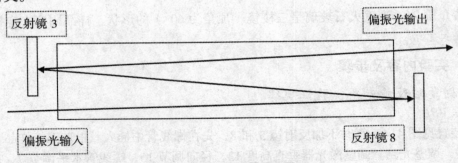

图4-5 磁致旋光测量原理图

3. 磁光调制实验

① 准备工作：将电源控制箱直流/调制按键抬起，使装置处于调制状态，将后面板输出

的调制监测信号和接受器输出的解调信号同时送至双踪示波器观察。

② 按下启动 / 停止按键，调节磁场调节钮使直流电流为 0.1A 或 0.2A；再顺时针调节调制幅度钮，在示波器上可观测到正弦调制波形；若调制波形有较大失真，可再增大电流。

③ 调节起偏器和检偏器之间角度，使偏离正交状态几度，这时在示波器上应观测到接收器输出的正常解调信号。这即实现了磁光的调制。

五、注意事项

① 当励磁电流较高时（2A 以上），螺线管会有一定的温升，这属于正常情况。但如果通电时间较长，螺线管温度会持续升高，应注意断电冷却，待温度降下来后再工作。

② 螺线管两端有挡片，样品只能从螺线管有活动拨挡的一端放入。拨开拨挡，取放样品。

③ 安装、搬卸实验装置时，一定要先检查螺线管中是否有玻璃棒样品，若有，要先取出，以免打碎样品。

④ 电源箱后面板有一组励磁输出端子（接螺线管），一个调制监测输出（接示波器）。一定在接通电源前连接好励磁输出端子与螺线管之间的连接线，接线端头不能有松动。在电源接通状态下，不能连接或拆卸励磁输出端子与接螺线管接线。

⑤ 实验时应注意直流稳压电源和电磁铁不要靠近示波器，因为电源里的变压器或者电磁铁产生的磁场会影响电子枪，引起示波器的不稳定。

六、思考题

① 磁致旋光与自然旋光的区别是什么？

② 偏振面旋转的角度 θ 与光波在介质中走过的路程 L 及介质中的磁感应强度在光的传播方向上的分量 B 有什么样的关系？

实验五　塞曼效应

【知识点介绍】

1896年塞曼(Zeeman)发现当光源放在足够强的磁场中时，原来的一条光谱线分裂成几条光谱线，分裂的谱线成分是偏振的，分裂的条数随能级的类别而不同。后人称此现象为塞曼效应。早年把那些谱线分裂为3条，而裂距按波数计算正好等于一个洛伦兹单位的现象叫做正常塞曼效应(洛伦兹单位)。正常塞曼效应用经典理论就能给予解释。实际上大多数谱线的塞曼分裂不是正常塞曼分裂，分裂的谱线多于3条，谱线的裂距可以大于也可以小于一个洛伦兹单位，人们称这类现象为反常塞曼效应。反常塞曼效应只有用量子理论才能得到满意的解释。塞曼效应的发现，为直接证明空间量子化提供了实验依据，对推动量子理论的发展起了重要作用。直到今日，塞曼效应仍是研究原子能级结构的重要方法之一。

【预习思考题】

1. 什么叫塞曼效应、正常塞曼效应、反常塞曼效应？
2. 实验中如何观察和鉴别塞曼分裂谱线中的π成份和σ成分？
3. 法布里一珀罗标准具的结构及其用途？

一、实验目的

① 掌握观测塞曼效应的实验方法；由塞曼裂距计算电子的荷质比。
② 观察汞原子 546.1nm 谱线的分裂现象以及它们偏振状态。
③ 掌握实验仪器的正确调节和使用。

二、实验原理

1. 谱线在磁场中的能级分裂

原子中的电子由于作轨道运动产生轨道磁矩，电子还具有自旋运动产生自旋磁矩，根据量子力学的结果，电子的轨道角动量和轨道磁矩 以及自旋角动量和自旋磁矩 在数值上有下列关系：

$$\mu_L = \frac{e}{2mc} P_L \qquad P_L = \sqrt{L(L+1)}\hbar \tag{5-1}$$

$$\mu_S = \frac{e}{mc} P_S$$

$$P_S = \sqrt{S(S+1)}\hbar$$

式中 e、m 分别表示电子电荷和电子质量；L、S 分别表示轨道量子数和自旋量子数。轨道角动量和自旋角动量合成原子的总角动量 P_J，轨道磁矩和自旋磁矩合成原子的总磁矩

μ，由于 μ 绕 P_J 运动只有 μ 在 P_J 方向的投影 μ_J 对外平均效果不为零，可以得到 μ_J 与 P_J 数值上的关系为：

$$\mu_J = g\frac{e}{2m}P_J \qquad (5\text{-}2)$$

$$g = 1 + \frac{J(J+1) - L(L+1) + S(S+1)}{2J(J+1)}$$

式中 g 叫做朗德 (Lande) 因子，它表征原子的总磁矩与总角动量的关系，而且决定了能级在磁场中分裂的大小。

在外磁场中，原子的总磁矩在外磁场中受到力矩 L 的作用

$$L = \mu_J \times B \qquad (5\text{-}3)$$

式中 B 表示磁感应强度，力矩 L 使角动量 P_J 绕磁场方向作进动，进动引起附加的能量 ΔE 为

$$\Delta E = -\mu_J \times B\cos\alpha$$

将式（5-2）代入上式得

$$\Delta E = g\frac{e}{2m}P_J B\cos\beta \qquad (5\text{-}4)$$

由于 μ_J 和 P_J 在磁场中取向是量子化的，也就是 P_J 在磁场方向的分量是量子化的。P_J 的分量只能是 $\hbar$ 的整数倍，即

$$P_J\cos\beta = M\hbar \qquad M = J,\ (J-1),\ \dots,\ -J \qquad (5\text{-}5)$$

磁量子数 M 共有 2J+1 个值，

$$\Delta E = Mg\frac{eh}{4\pi m}B \qquad (5\text{-}6)$$

这样，无外磁场时的一个能级，在外磁场的作用下分裂成 2J+1 个子能级，每个能级附加的能量由式（5-6）决定，它正比于外磁场 B 和朗德因子 g。

设未加磁场时跃迁前后的能级为 E_2 和 E_1，则谱线的频率 ν 满足下式：

$$\nu = \frac{1}{h}(E_2 - E_1)$$

在磁场中上下能级分别分裂为 $2J_2+1$ 和 $2J_1+1$ 个子能级，附加的能量分别为 ΔE_2 和 ΔE_2，新的谱线频率 ν' 决定于

$$\nu' = \frac{1}{h}(E_2 + \Delta E_2) - \frac{1}{h}(E_1 + \Delta E_1) \qquad (5\text{-}7)$$

分裂谱线的频率差为

$$\Delta\nu = \nu' - \nu = \frac{1}{h}(\Delta E_2 - \Delta E_1) = (M_2 g_2 - M_1 g_1)\frac{e}{4\pi m}B \qquad (5\text{-}8)$$

用波数来表示为：

$$\Delta\sigma = \frac{\Delta v}{c} = (M_2 g_2 - M_1 g_1)\frac{e}{4\pi mc}B \qquad (5-9)$$

令 $L = \frac{eB}{4\pi mc}$，称为洛仑兹单位，将有关参数代入得

$$L = \frac{eB}{4\pi mc} = 0.467 B$$

式中 B 的单位用 T（特斯拉），波数 L 的单位为 cm^{-1}。

塞曼跃迁的选择定则为：$\Delta M = 0$，为 π 成分，是振动方向平行于磁场的线偏振光，只在垂直于磁场的方向上才能观察到，平行于磁场的方向上观察不到，但当 $\Delta J = 0$ 时，$M_2 = 0$ 到 $M_1 = 0$ 的跃迁被禁止；$\Delta M = \pm 1$，为 σ 成分，垂直于磁场观察时为振动垂直于磁场的线偏振光，沿磁场正向观察时，$\Delta M = +1$ 为右旋圆偏振光，$\Delta M = -1$ 为左旋圆偏振光。

以汞的 546.1nm 谱线为例，说明谱线分裂情况。波长 546.1nm 的谱线是汞原子从 $\{6S\ 7S\}^3S_1$ 到 $\{6S\ 6P\}^3P_2$ 能级跃迁时产生的，其上下能级有关的量子数值列在表 5-1 中。在磁场作用下能级分裂如图 5-1 所示。可见，546.1nm 一条谱线在磁场中分裂成九条线，垂直于磁场观察，中间 3 条谱线为 π 成分，两边各 3 条谱线为 σ 成分；沿着磁场方向观察，π 成分不出现，对应的 6 条 σ 线分别为右旋圆偏振光和左旋圆偏振光。若原谱线的强度为 100，其他各谱线的强度分别约为 75、37.5 和 12.5。在塞曼效应中有一种特殊情况，上下能级的自旋量子数 S 都等于零，塞曼效应发生在单重态间的跃迁。此时，无磁场时的一条谱线在磁场中分裂成三条谱线。其中 $\Delta M = \pm 1$ 对应的仍然是 σ 态，$\Delta M = 0$ 对应的是 π 态，分裂后的谱线与原谱线的波数差 $\Delta\sigma = L = \frac{e}{4\pi mc}B$。由于历史的原因，称这种现象为正常塞曼效应，而前面介绍的称为反常塞曼效应。

表5-1　汞原子上下能级有关的量子数值

原子态符号	$^3S_1$	$^3P_2$
L	0	1
S	1	1
J	1	2
g	2	3/2
M	1, 0, -1	2, 1, 0, -1, -2
Mg	2, 0, -2	3, 3/2, 0, -3/2, -3

2. 实验方法

（1）观察塞曼分裂的方法

塞曼分裂的波长差很小，波长和波数的关系为 $\Delta\lambda = \lambda^2\Delta\sigma$。波长 $\lambda = 5\times 10^{-7}$ m 的谱线，在 $B = 1$T 的磁场中，分裂谱线的波长差只有 10^{-11}m。要观察如此小的波长差，用一般的棱镜摄谱仪是不可能的，需采用高分辨率的仪器如法布里 – 玻罗标准具（简称 F-P 标准具）。

F-P 标准具是由平行放置的两块平面玻璃或石英板组成的，在两板相对的平面上镀有较高反射率的薄膜，为消除两平板背面反射光的干涉，每块板都作成楔形。两平行的镀膜平面中间夹有一个间隔圈，用热胀系数很小的石英或铟钢精加工而成，用以保证两块平面玻璃之间的间距不变。玻璃板上带有 3 个螺丝，可精确调节两玻璃板内表面之间的平行度。

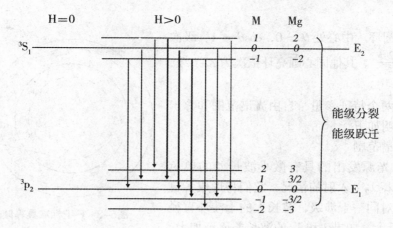

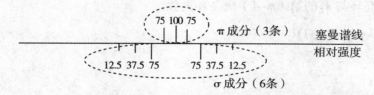

图5-1 汞546.1nm谱线的塞曼效应示意图

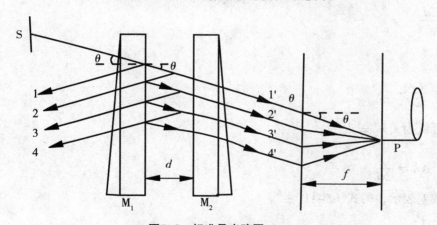

图5-2 标准具光路图

标准具的光路如图 5-2 所示。自扩展光源 S 上任一点发出的单色光，射到标准具板的平行平面上，经过 M_1 和 M_2 表面的多次反射和透射，分别形成一系列相互平行的反射光束 1，2，3，4，…和透射光速 1′，2′，3′，4′，…在透射的诸光束中，相邻两光束的光程差为 $\Delta = 2nd\cos\theta$，这一系列平行并有确定光程差的光束在无穷远处或透镜的焦平面上成干涉像。当光程差为波长的整数倍时产生干涉极大值。一般情况下标准具反射膜间是空气介质，$n \approx 1$，因此，干涉极大值见式（5-10）

$$2d\cos\theta = K\lambda \qquad\qquad\qquad (5\text{-}10)$$

K 为整数，称为干涉级。由于标准具的间隔 d 是固定的，在波长 λ 不变的条件下，不同的干涉级对应不同的入射角 θ，因此，在使用扩展光源时，F-P 标准具产生等倾干涉，其干涉条纹是一组同心圆环。中心处 $\theta = 0$，$\cos\theta = 1$，级次 K 最大，$K_{max} = \dfrac{2d}{\lambda}$。其他同心圆亮环依次为 $K-1$ 级，$K-2$ 级等。

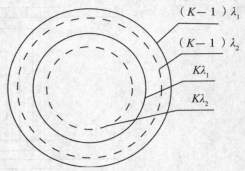

图5-3　F-P标准具等倾干涉图

标准具有两个特征参量：自由光谱范围和分辨本领，分别说明如下。

①自由光谱范围

考虑同一光源发出的具有微小波长差的单色光 λ_1 和 λ_2（设 $\lambda_1 < \lambda_2$）入射的情况，它们将形成各自的圆环系列。对同一干涉级，波长大的干涉环直径小，如图 5-3 所示。如果 λ_1 和 λ_2 的波长差逐渐加大，使得 λ_1 的第 m 级亮环与 λ_2 的第（$m-1$）级亮环重叠，

则有　　$2d\cos\theta = m\lambda_1 = (m-1)\lambda_2$

则　　　$m \approx \dfrac{2d}{\lambda_1}$

由于 F-P 标准具中，在大多数情况下，$\cos\theta \approx 1$，所以上式中

$$m \approx \dfrac{2d}{\lambda_1}$$

因此

$$\Delta\lambda = \dfrac{\lambda_1\lambda_2}{2d}$$

近似可认为 $\lambda_1\lambda_2 = \lambda_1{}^2\lambda_2{}^2$，

则　　　$\Delta\lambda = \dfrac{\lambda^2}{2d}$

用波数差表示，得式（5-11）：

$$\Delta\sigma = \dfrac{1}{2d} \tag{5-11}$$

$\Delta\lambda$ 或 $\Delta\sigma$ 定义为标准具的自由光谱范围。它表明在给定间隔圈厚度 d 的标准具中，若入射光的波长在 $\lambda \sim \lambda + \Delta\lambda$ 之间（或波数在 $\sigma \sim \sigma + \Delta\sigma$ 之间），所产生的干涉圆环不重叠。若被研究的谱线波长差大于自由光谱范围，两套花纹之间就要发生重叠或错级，给分析辨认带来困难。因此，在使用标准具时，应根据被研究对象的光谱波长范围来确定间隔圈的厚度。

②分辨本领

定义 $\dfrac{\lambda}{\Delta\lambda}$ 为光谱仪的分辨本领，对于 F-P 标准具，分辨本领见式（5-12）：

$$\dfrac{\lambda}{\Delta\lambda} = KN \tag{5-12}$$

K 为干涉级数，N 为精细度，它的物理意义是在相邻两个干涉级之间能够分辨的最大条纹数。N 依赖于平板内表面反射膜的反射率 R，计算如式（5-13）：

$$N = \frac{\pi \sqrt{R}}{1 - R} \qquad (5\text{-}13)$$

反射率越高，精细度越高，仪器能够分辨的条纹数就越多。为了获得高分辨率，R 一般在 90% 左右。使用标准具时光近似于正入射，$\sin\theta = 0$，从式（5-10）可得。将 $K = \frac{2d}{\lambda}$ 与 N 代入式（5-12）得

$$\frac{\lambda}{\Delta\lambda} = KN = \frac{2d\pi\sqrt{R}}{\lambda(1-R)} \qquad (5\text{-}14)$$

例如，对于 d = 5mm，R = 90% 的标准具，若入射光 $\lambda = 500\,nm$，可得仪器分辨本领

$$\frac{\lambda}{\Delta\lambda} = 6 \times 10^5, \quad \Delta\lambda \approx 0.001\,nm$$

可见 F-P 标准具是一种分辨本领很高的光谱仪器。正因为如此，它才能被用来研究单个谱线的精细结构。当然，实际上由于 F-P 板内表面加工精度有一定的误差，加上反射膜层的不均匀以及有散射耗损等因素，仪器的实际分辨本领要比理论值低。

（2）测量塞曼分裂谱线波长差的方法

应用 F-P 标准具测量各分裂谱线的波长或波长差是通过测量干涉环的直径来实现的，如图 1-2 所示，用透镜把 F-P 标准具的干涉圆环成像在焦平面上。出射角为 θ 的圆环的直径 D 与透镜焦距 f 间的关系为，$\tan\theta = \frac{D}{2}/f$，对于近中心的圆环，$\theta$ 很小，可认为 $\theta \approx \sin\theta \approx \tan\theta$，而：

$$\cos\theta = 1 - 2\sin^2\frac{\theta}{2} \approx 1 - \frac{\theta^2}{2} = 1 - \frac{D^2}{8f^2}$$

代入式（5-10）得：

$$2d\cos\theta = 2d\left(1 - \frac{D^2}{8f^2}\right) = K\lambda \qquad (5\text{-}15)$$

由上式可推得，同一波长 λ 相邻两级 K 和（K-1）级圆环直径的平方差

$$D^2 = D_{K-1}^2 - D_K^2 = \frac{4f^2\lambda}{D} \qquad (5\text{-}16)$$

可见 ΔD^2 是与干涉级次无关的常数。

设波长 λ_a 和 λ_b 的第 K 级干涉圆环的直径分别为 D_a 和 D_b，由式（5-15）和（5-16）得：

$$\lambda_a - \lambda_b = \frac{d}{4f^2K}(D_b^2 - D_a^2) = \left(\frac{D_b^2 - D_a^2}{D_{K-1}^2 - D_K^2}\right)\frac{\lambda}{K}$$

将 $K = \frac{2d}{\lambda}$ 代入，得：

波长差 $\Delta\lambda=\dfrac{\lambda^2}{2d}\left(\dfrac{D_b^2-D_a^2}{D_{K-1}^2-D_K^2}\right)$ （5-17）

波数差 $\Delta\sigma=\dfrac{1}{2d}\left(\dfrac{D_b^2-D_a^2}{D_{K-1}^2-D_K^2}\right)$ （5-18）

测量时用（$K-2$）或（$K-3$）级圆环。由于标准具间隔厚度 d 比波长 λ 大得多，中心处圆环的干涉级数 K 是很大的，因此用（$K-2$）或（$K-3$）代替 K，引入的误差可忽略不计。

（3）用塞曼分裂计算荷质比 $\dfrac{e}{m}$

对于正常塞曼效应，分裂的波数差为

$$\Delta\sigma=L=\frac{eB}{4\pi mc}$$

代入测量波数差公式（5-18），得

$$\frac{e}{m}=\frac{2\pi c}{dB}\left(\frac{D_b^2-D_a^2}{D_{K-1}^2-D_K^2}\right)$$ （5-19）

已知 d 和 B，从塞曼分裂的照片测出各环直径，就可计算 $\dfrac{e}{m}$（图5-4）。

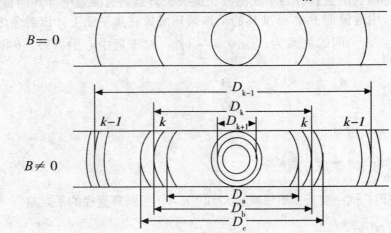

图5-4　干涉环直径测量示意图

对于反常塞曼效应，分裂后相邻谱线的波数差是洛仑兹单位 L 的某一倍数，注意到这一点，用同样的方法也可计算电子荷质比。

可见对已知的 d 和 λ，通过测量各个圆环的直径就可以算出二波长的波长差。

测量电子的荷质比的方法：

以正常塞曼效应为例，光谱分裂的理论结果是波数差是一个洛仑兹单位 L，见式（5-20）：

$$\Delta\lambda=\lambda^2\Delta\sigma=L=\lambda^2\frac{eB}{4\pi mc}$$ （5-20）

三、实验仪器

YLS–Y 型永磁塞曼效应仪，实验装置如图 5–5 所示。

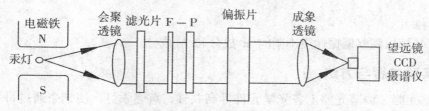

图5-5 塞曼效应实验装置图

主要由永久磁铁、笔型汞灯、电源、F-P 标准具、滤光片、偏振片、1/4 波片、读数望远镜、CCD 摄像头、导轨、滑座组成。

1. 法布里—珀罗（F–P）标准具

F-P 标准具是由两块平面玻璃板中间夹有一个间隔圈组成的。玻璃板的内表面镀有高反射膜，反射率 $R > 90\%$（不准擦拭反射膜）。间隔圈用膨胀系数很小的材料加工成一定厚度，以保证两玻璃板的距离不变，再用 3 个螺丝调节玻璃上的压力来达到 精确平行，标准具光路如图 5–6 所示。 自扩展光源 S 上任一点发出的光，经过聚光透镜和滤光片后，聚焦在 F-P 标准具内，在反射膜的两个表面进行多次反射和 透射，分别形成一系列相互平行的反射光束和透射光束。在透射光束中，相邻两光束用透镜聚在焦平面上发生干涉，形成干涉圆环，这是单色光的干涉环。

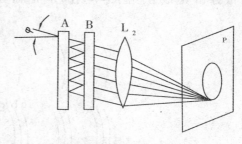

图5-6 F–B标准具光路图

2. CCD摄像器件

CCD 是电荷耦合器件的简称。它是一种金属—氧化物——半导体结构的新型器件，具有光电转换、信息存储和信号传输（自扫描）的功能，在图像传感、信息处理和存储多方面有着广泛的应用。

CCD 摄像器件是 CCD 在图像传感领域中的重要应用。在本实验中，经由法—珀标准具出射的多光束，经透镜会聚相干，呈多光束干涉条纹成像于 CCD 光敏面。利用 CCD 的光电转换功能，将其转换为电信号"图像"，由荧光屏显示。因为 CCD 是对弱光极为敏感的光放大器件，故荧屏上呈现明亮、清晰的法—珀干涉图像。

3. 滤光片

干涉滤光片是利用薄膜干涉原理，在光学玻璃基板上镀上一定厚度的金属膜或多层介质膜而制成的。镀膜的作用是使某一频率的光获得透射的干涉极大，从而达到滤光的目的。干涉滤光片都具有一定的中心波长和带宽。本实验使用的干涉滤光片中心波长为 5 461Å，带宽为 40Å。汞的发射光谱在可见区是分离的，尤其在 5 461Å 附近谱线间隔很大，因此，滤光片即使具有一定的带宽也容易将光谱分离。因此，作用是只允许 5 461Å 通过，滤掉 Hg 原子发出的其他谱线，从而得到单色光。

4. 1/4波片

当沿着磁场方向观察纵向效应时，将 1/4 波片放置于偏振片前，用以观察左、右旋的圆偏振光。

5. 偏振片

偏振片是用以观察偏振性质不同的 π 成分和 σ 成分。

四、实验内容与方法

① 调整光路：调节光路上各光学元件等高共轴，点燃汞灯，使光束通过每个光学元件的中心。调节标准具上三个压紧弹簧螺丝，使两平行面达到严格平行，从测量望远镜中可观察到清晰明亮的一组同心干涉圆环。

② 缓慢地增大磁场 B，这时，从测量望远镜中可观察到细锐的干涉圆环逐渐变粗，然后发生分裂。随着磁场 B 的增大，谱线的分裂宽度也在不断增宽，最终谱线由一条分裂成九条，而且很细。当旋转偏振片为 0°、45°、90° 各不同位置时，可观察到偏振性质不同的 π 成分和 σ 成分。图5-7 为部分 π 和 σ 成分的干涉花纹读数示意图。

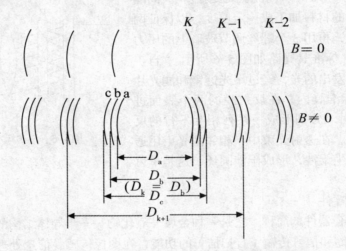

图5-7 部分π和σ成分的干涉花纹读数示意图

③ 测量与数据处理：旋转测量望远镜读数鼓轮，用测量分划板的铅垂线依次与被测圆环相切，从读数鼓轮上读出相应的一组数据，它们的差值即为被测的干涉圆环直径。利用已知 F-P 标准具间隙 d=2.00mm 及磁感应强度 B=1.3T，再由（5-19）式求出电子荷质比的值，并计算误差。（标准值 e/m=1.76×10^{11}C/kg）

五、注意事项

① 汞灯电源电压为 1 500V，要注意高压安全。

② 汞灯通电后，亮度会逐步提高，此稳定过程需一两分钟。

③ 汞灯对人眼有害，实验中请勿直视汞灯。

④ 实验中请勿将手表等易受磁场影响的物品靠近永磁铁。

⑤ F-P 标准具及其他光学器件的光学表面，都不要用手或其他物体接触。

六、思考题

① 如何观察塞曼效应的线偏振和圆偏振？

② 调节 F-P 标准具，如果眼睛向某方向移动，观察到干涉纹从中心冒出来，应如何调节？

③ 叙述测量电子荷质比的方法。

实验六 光电效应和普朗克常数的测定

【知识点介绍】

当光照在物体上时，光的能量仅部分以热的形式被物体吸收，而另一部分则转化为物体中某些电子的能量，使电子逸出物体表面，这种现象称为光电效应。逸出的电子称为光电子，在光电效应中，光显示出它的粒子性质，所以这种现象对认识光的本性，具有极其重要的意义。

1905 年爱因斯坦发展了能量 E 以 h （是光的频率）为不连续的最小单位的量子化思想，成功地解释了光电效应实验中遇到的问题。1916 年密立根用光电效应法测量了普朗克常数 h，确定了光量子能量方程式的成立。今天，光电效应已经广泛地运用于现代科学技术的各个领域，利用光电效应制成的光电器件已成为光电自动控制、电报以及微弱光信号检测等技术中不可缺少的器件。

【预习思考题】

1. 什么叫光电效应？爱因斯坦提出的光电效应理论有哪些内容？
2. 截止电压 U_0 与入射光频率有什么关系？

一、实验目的

① 了解光的量子性，光电效应的规律，加深对光的量子性的理解。
② 验证爱因斯坦方程，并测定普朗克常数 h。
③ 学习作图法处理数据。

二、实验原理

光电效应实验原理如图 6-1 所示，其中 S 为真空光电管，K 为阴极，A 为阳极，当无光照射阴极时，由于阳极与阴极是断路，所以检流计 G 中无电流流过，当用一波长比较短的单色光照射到阴极 K 上时，形成光电流，光电流随加速电位差 U 变化的伏安特性曲线如图 6-2 所示。

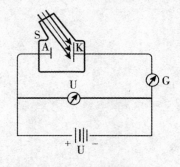

图6-1　光电效应实验原理图

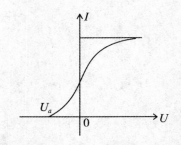

图6-2　光电管的伏安特性曲线

1. 光电流与入射光强度的关系

光电流随加速电位差 U 的增加而增加，加速电位差增加到一定量值后，光电流达到饱和值 IH，饱和电流与光强成正比，而与入射光的频率无关。当 $U = U_A - U_K$ 变成负值时，光电流迅速减小。实验指出，有一个遏止电位差 U_0 存在，当电位差达到这个值时，光电流为零。

2. 光电子的初动能与入射光频率之间的关系

光电子从阴极逸出时，具有初动能，在减速电压下，光电子逆着电场力方向由 K 极向 A 极运动，当 $U = U_0$ 时，光电子不再能达到 A 极，光电流为零，所以电子的初动能等于它克服电场力所作的功，见式（6-1）：

$$\frac{1}{2}mv^2 = eU_0 \tag{6-1}$$

根据爱因斯坦关于光的本性的假设，光是一粒一粒运动着的粒子流，这些光粒子称为光子，每一光子的能量为 $E = h\nu$，其中 h 为普朗克常量，ν 为光波的频率，所以不同频率的光波对应光子的能量不同，光电子吸收了光子的能量 $h\nu$ 之后，一部分消耗于克服电子的逸出功 A，另一部分转换为电子动能，由能量守恒定律可知

$$h\nu = \frac{1}{2}mv^2 + A \tag{6-2}$$

式（6-2）称为爱因斯坦光电效应方程。

由此可见，光电子的初动能与入射光频率 ν 呈线性关系，而与入射光的强度无关。

3. 光电效应有光电阈存在

实验指出，当光的频率 $\nu < \nu_0$ 时，不论用多强的光照射到物质表面都不会产生光电效应，根据式（6-2），$\nu_0 = \dfrac{A}{h}$，称为红限。

爱因斯坦光电效应方程同时提供了测普朗克常数的一种方法：由式（6-1）和（6-2）可得：$h\nu = e|U_0| + A$，当用不同频率（ν_1，ν_2，$\nu_3 \cdots \nu_n$）的单色光分别做光源时，就有：

任意联立其中两个方程就可得到式（6-3）：

$$h = \frac{e(U_i - U_j)}{\nu_i - \nu_j} \tag{6-3}$$

由此若测定了两个不同频率的单色光所对应的遏止电位差即可算出普朗克常数 h，也可由 ν-U 直线的斜率求出 h。

因此，用光电效应方法测量普朗克常数的关键在于获得单色光，测量光电管的伏安特性曲线和确定遏止电位差值。

实验中，单色光可由汞灯光源经过滤光片选择谱线产生，汞灯是一种气体放电光源，点燃稳定后，在可见光区域内有几条波长相差较远的强谱线，如表 6-1 所示，与滤光片联合作用后可产生需要的单色光。

表6-1   可见光区汞灯强谱线

波长/nm	频率/10^{14}Hz	颜色
579.0	5.179	黄
577.0	5.198	黄
546.1	5.492	绿
435.8	6.882	蓝
404.7	7.410	紫
365.0	8.216	近紫外

为了获得准确的遏止电位差值，本实验用的光电管应该具备下列条件：

① 对所有可见光谱都比较灵敏。

② 阳极包围阴极，这样当阳极为负电位时，大部分光电子仍能射到阳极。

③ 阳极没有光电效应，不会产生反向电流。

④ 暗电流很小。

但是实际使用的真空型光电管并不完全满足以上条件，由于存在阳极光电效应所引起的反向电流和暗电流（即无光照射时的电流），所以，测得的电流值实际上包括上述两种电流和由阴极光电效应所产生的正向电流3个部分，所以伏安曲线并不与 U 轴相切。由于暗电流是由阴极的热电子发射及光电管管壳漏电等原因产生，与阴极正向光电流相比，其值很小，且基本上随电位差 U 呈线性变化，因此可忽略其对遏止电位差的影响。阳极反向光电流虽然在实验中较显著，但它服从一定规律，据此，确定遏止电位差值，可采用以下两种方法：

(1) 交点法

光电管阳极用逸出功较大的材料制作，制作过程中尽量防止阴极材料蒸发，实验前对光电管阳极通电，减少其上溅射的阴极材料，实验中避免入射光直接照射到阳极上，这样可使它的反向电流大大减少，其伏安特性曲线与图 6-2 十分接近，因此曲线与 U 轴交点的电位差值近似等于遏止电位差 U_0，此即交点法。

(2) 拐点法

光电管阳极反向光电流虽然较大，但在结构设计上，若使反向光电流能较快地饱和，则伏安特性曲线在反向电流进入饱和段后有着明显的拐点，如图 6-3所示，此拐点的电位差即为遏止电位差。

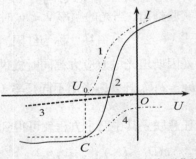

1—理想阴极发射电流   2—实测曲线
3—暗电流   4—阳极发射电流

图 6-3

三、实验仪器

图 6-4 为实验装置图。

1. 光源

用高压汞灯做光源，配以专用镇流器，光谱范围为 320.3 ~ 872.0nm，可用谱线为 365.0nm、404.7nm、435.8nm、

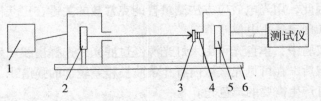

1—汞灯电源   2—汞灯   3—滤光片   4—光阑   5—光电管   6—基准平台

图6-4   仪器整体结构图

546.1nm、577.0nm，共五条强线谱线。

2. 滤光片

滤光片的主要指标是半宽度和透过率。透过某种谱线的滤光片不允许其附近的谱线透过，高性能的滤光片保证了在测量某一谱线时无其他谱线干扰，避免了谱线相互干扰带来的测量误差。高压汞灯发出的可见光中，强度较大的谱线有 5 条，仪器配以相应的 5 种滤光片。

3. 光电管暗盒

采用测 h 专用光电管，由于采用了特殊结构，使光不能直接照射到阳极，由阴极反射照到阳极的光也很少，加上采用新型的阴、阳极材料及制造工艺，使得阳极反向电流大大降低，暗电流也很低（ $\leq 2 \times 10^{-12}$ A）。

4. 微电流测量仪

在微电流测量中采用了高精度集成电路构成电流放大器，对测量回路而言，放大器近似于理想电流表，对测量回路无影响，使测量仪具有高灵敏度（电流测量范围 10^{-8} V ~ 10^{-13} A）高稳定性（零漂小于满刻度的 0.2%），从而使测量精度、准确度大大提高。测量结果由 4 位 LED 显示。

5. 光电管工作电源

普朗克常数测试仪提供了数字设定式光电管工作电源 (-4 ~ +30V)，任意可设，显示的分辨率自动切换。工作电压精度 $\leq 0.5\%$，稳定度 $\leq 0.05\%$，电压值由四位 LED 数显。

四、实验内容

1. 测试前准备

① 把汞灯及光电管暗箱遮光盖盖上，打开汞灯电源。

② 将汞灯暗箱光输出口对准光电管暗箱光输入口，调整光电管与汞灯距离为约 40cm 并保持不变。

③ 用专用连接线将光电管暗箱电压输入端与实验仪电压输出端（后面板上）连接起来（红—红，黑—黑）。打开实验仪的电源，预热 20min。仪器在充分预热后，进行测试前校准调零。

④ 电流调零：在电流调零时，必须首先断开光电管暗箱微电流输出端与实验仪微电流输入端（后面板上）的高频匹配电缆的连接。旋转"调零"旋钮使电流指示为 000.0。在这里需要注意：如果因为测量不同的量，而需要切换电流量程的档位时，要重新进行"电流调零"。

⑤ 电流调零完毕后，用高频匹配电缆将光电管暗箱电流输出端与实验仪微电流输入端（后面板上）连接起来。

2. 手动测普朗克常数h

理论上，测出各频率的光照射下阴极电流为零时对应的 U_{AK}，其绝对值即该频率的截止电压，然而实际上由于光电管的阳极反向电流，暗电流，本底电流及极间接触电位差的影响，实测电流并非阴极电流，实测电流为零时对应的 U_{AK} 也并非截止电压。

光电管制作过程中阳极往往被污染，蘸上少许阴极材料，入射光照射阳极或入射光从阴极反射到阳极之后都会造成阳极光电子发射，U_{AK} 为负值时，阳极发射的电子向阴极迁移构成了阳极反向电流。

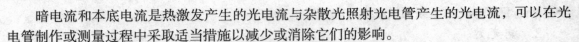

暗电流和本底电流是热激发产生的光电流与杂散光照射光电管产生的光电流，可以在光电管制作或测量过程中采取适当措施以减少或消除它们的影响。

极间接触电位差与入射光频率无关，只影响 U_0 的准确性，不影响 U_0-v 直线斜率，对测定 h 无影响。

此外，由于截止电压是光电流为零时对应的电压，若电流放大器灵敏度不够，或稳定性不好，都会给测量带来较大误差。本实验仪器的电流放大器灵敏度高，稳定性好。

本实验仪器采用了新型结构的光电管。由于其特殊结构使光不能直接照射到阳极，由阴极反射照到阳极的光也很少，加上采用新型的阴、阳极材料及制造工艺，使得阳极反向电流大大降低，暗电流也很少。

由于本仪器的特点，在测量各谱线的截止电压 U_0 时，可不用难于操作的"拐点法"，而用"零电流法"或"补偿法"。

零电流法是直接将各谱线照射下测得的电流为零时对应的电压 U_{AK} 作为截止电压 U_0。此法的前提是阳极反向电流，暗电流和本底电流都很小，用零电流法测得的截止电压与真实值相差很小。且各谱线的截止电压都相差 U，对 U_0-v 曲线的斜率无大的影响，因此对 h 的测量不会产生大的影响。

补偿法是调节电压 U_{AK} 使电流为零后，保持 U_{AK} 不变，遮挡汞灯光源，此时测得的电流 I_1 为电压接近截止电压时的暗电流和本底电流。重新让汞灯照射光电管，调节电压 U_{AK} 使电流值至 I_1，将此时对应的电压 U_{AK} 的绝对值作为截止电压 U_0。此法可补偿暗电流和本底电流对测量结果的影响。

（1）实验内容与步骤

① 先将功能选择按键"手动 / 自动"档，置于"手动"档。再将"电流量程"选择开关置于 10^{-12}A 档，电流调零：将测试仪电流输入电缆断开，调零后重新接上。

② 将直径 2mm 的光阑及 365.0nm 的滤色片装在光电管暗箱光输入口上。

③ 从低到高调节电压（–2V ~ +2V），用"零电流法"或"补偿法"测量该波长对应的 U_0，并将数据记于表 6-2 中。

表6-2 U_0~v 关系   光阑孔 Φ=____mm

波长 λ /nm	365.0	404.7	435.8	546.1	577.0
频率 v /×10^{14}Hz	8.216	7.410	6.882	5.492	5.196
截止电压 U_0（V）					

④ 依次换上 404.7nm，435.8nm，546.1nm，577.0nm 的滤色片，重复以上测量步骤。

⑤ 将光阑分别置于 4mm、8mm 的光阑，重复以上①~④测量步骤。

（2）实验数据处理

可用以下方法之一处理表 6-2 的实验数据，得出 U_0-v 直线的斜率 k。

① 根据线性回归理论，U_0-v 直线的斜率 k 的最佳拟合值为：

$$k = \frac{\overline{v \cdot U_0} - \overline{v} \cdot \overline{U_0}}{\overline{v^2} - \overline{v}^2}$$ 其中：$\overline{v} = \frac{1}{n}\sum_{i=1}^{n} v$ 表示频率 v 的平均值

$$\overline{v^2} = \frac{1}{n}\sum_{i=1}^{n} v_i^2$$ 表示频率 v 的平方的平均值

$$\overline{U_0}=\frac{1}{n}\sum_{i=1}^{n}U_{01}$$ 表示截止电压 U_0 的平均值

$$\overline{v\cdot U_0}=\frac{1}{n}\sum_{i=1}^{n}v_i\cdot U_{01}$$ 表示频率 v 与截止电压 U_0 的乘积的平均值

② 逐差法：

根据 $k=\dfrac{\Delta U_0}{\Delta v}=\dfrac{U_{0i}-U_{0j}}{v_i-v_j}$，利用表 6-2 的几组数据，采用逐差法求出对应的 k，将其平均值作为所求 k 的数值。

③ 作图法：

可用表 6-2 数据在坐标纸上作 U_0—v 直线，由图求出直线斜率 k。

求出直线斜率 k 后，可用 $h=ek$ 求出普朗克常数，并与 h 的公认值 h_0 比较求出相对误差：$\delta=\dfrac{h-h_0}{h_0}$，式中 $e=-1.602\times10^{-19}C$ $h_0=6.626\times10^{-34}J.S$

3．手动测量光电管的伏安特性曲线

（1）先将功能选择按键"手动/自动"档

置于"手动"档，按电压设置增加按钮"↑"或减少按钮"↓"，在"-4V ~ +30V"间连续任意可设；如果长按电压设置按钮不放，电压值增加或减少的速度会随时间的增加而越来越快。

（2）将"电流量程"选择开关置于 10^{-8}~10^{-13}A 档中某一档（根据光电流的大小而定）

在选定电流量程档后，光阑直径从 2 ~ 8mm 依次选择一个或某一个光阑。选定光阑直径后，再将 365.0 ~ 577.0nm 的滤光片依次转到光电管暗箱光输入口上。建议采用 10^{-10}A 或 10^{-11}A 档，在整个光电管的伏安特性测量中不会超量程，不需要换档。

① 将"电流量程"选择开关置于 10^{-10}A 档，开路调零，光阑直径选择为 2mm；滤光片选择为 365.0nm。

② 按电压设置增加按钮"↑"或减少按钮"↓"；从低到高调节电压"-4V ~ +30V"，记录电流从零到非零点所对应的电压值作为第一组数据，以后电压每变化一定值记录一组数据到表 6-3 中。

表6-3 I—U_{AK}关系

365.0nm 光阑 2mm	$U_{AK}(V)$
	$I(\times10^{-10}A)$
365.0nm 光阑 4mm	$U_{AK}(V)$
	$I(\times10^{-10}A)$
365.0nm 光阑 8mm	$U_{AK}(V)$
	$I(\times10^{-10}A)$

③ 再换上 405.0 ~ 577.0nm 的滤光片，重复①、②测量步骤。

④ 在 U_{AK} 为 30V 时，将"电流量程"选择开关置于 10^{-10}A 档（根据光电流的大小而定）。记录滤光片分别在 365.0 ~ 577.0nm 五个不同的波长时，光阑分别为 2mm、4mm、8mm 时对

应的电流值于表6-4中。

表6-4　I_M—P关系　　　U_{AK}＝V

波长		数组		
365.0nm	光阑孔 Φ	2mm	4mm	8mm
	$I(\times 10^{-10}A)$			
404.7nm	光阑孔 Φ	2mm	4mm	8mm
	$I(\times 10^{-10}A)$			

4.　自动测绘光电管的伏安特性曲线和自动测量普朗克常数h

先将功能按键"手动/自动"档，置于"自动"档。打开普朗克实验仪计算机软件，按照电脑软件"提示"和"帮助"进行实验操作。

五、注意事项

① 汞灯关闭后，不要立即开启电源。必须待灯丝冷却后，再开启，否则会影响汞灯寿命。

② 光电管应保持清洁，避免用手摸，而且应放置在遮光罩内，不用时禁止用光照射。

③ 注意事项暂时不作实验时，把汞灯出光口遮盖住，滤光片旋到堵口处，并将实验进行复位，这样有利于保护光电管的寿命；由于汞灯预热需要较长时间，所以如果要进行连续实验时，可以不予关闭。

④ 滤光片要保持清洁，禁止用手摸光学面。

⑤ 光电管不使用时，要断掉施加在光电管阳极与阴极间的电压，保护光电管，防止意外的光线照射。

六、思考题

① 如何测量普朗克常数 h?

② 反向电流的来源是什么？暗电流的来源是什么？

③ 更换滤光片时应注意什么？能不能直接使高压汞灯照射光电管？为什么？

实验七 激光拉曼实验

【知识点介绍】

拉曼散射是印度科学家 Raman 在 1928 年发现的，拉曼光谱因之得名。光和媒质分子相互作用时引起每个分子作受迫振动从而产生散射光，散射光的频率一般和入射光的频率相同，这种散射叫做瑞利散射，由英国科学家瑞利于 1899 年进行了研究。但当拉曼在他的实验室里用一个大透镜将太阳光聚焦到一瓶苯的溶液中，经过滤光的阳光呈蓝色，但是当光束进入溶液之后，除了入射的蓝光之外，拉曼还观察到了很微弱的绿光。拉曼认为这是光与分子相互作用而产生的一种新频率的光谱带。因这一重大发现，拉曼于 1930 年获诺贝尔奖。

激光拉曼光谱是激光光谱学中的一个重要分支，应用十分广泛。如在化学方面应用于有机和无机分析化学、生物化学、石油化工、高分子化学、催化和环境科学、分子鉴定、分子结构等研究；在物理学方面应用于发展新型激光器、产生超短脉冲、分子瞬态寿命研究等，此外在相干时间、固体能谱方面也有广泛的应用。

【预习思考题】

1. 什么叫瑞利散射线、斯托克斯线和反斯托克斯线，它们各自产生的原因是什么？
2. 拉曼光谱仪中的聚光镜、集光镜的作用分别是什么？
3. 简述如何实现单光子计数？

一、实验目的

① 了解拉曼散射的基本原理。
② 学习使用拉曼光谱仪测量物质的谱线，知道简单的谱线分析方法。

二、实验原理

当波数为 v_0 的单色光入射到介质上时，除了被介质吸收、反射和透射外，总会有一部分被散射。按散射光相对于入射光波数的改变情况，可将散射光分为三类：第一类，其波数基本不变或变化小于 10^{-5}cm^{-1} 这类散射称为瑞利散射；第二类，其波数变化大约为 0.1cm^{-1}，称为布利源散射；第三类是波数变化大于 1cm^{-1} 的散射，称为拉曼散射；从散射光的强度看，瑞利散射最强，拉曼散射最弱。

在经典理论中，拉曼散射可以看作入射光的电磁波使原子或分子电极化以后所产生的，因为原子和分子都是可以极化的，因而产生瑞利散射，因为极化率又随着分子内部的运动（转动、振动等）而变化，所以产生拉曼散射。

在量子理论中，把拉曼散射看作光量子与分子相碰撞时产生的非弹性碰撞过程。当入射的光量子与分子相碰撞时，可以是弹性碰撞的散射也可以是非弹性碰撞的散射。在弹性碰撞过程中，光量子与分子均没有能量交换，于是它的频率保持恒定，这叫瑞利散射，如图 7-1

49

（a）；在非弹性碰撞过程中光量子与分子有能量交换，光量子转移一部分能量给散射分子，或者从散射分子中吸收一部分能量，从而使它的频率改变，它取自或给予散射分子的能量只能是分子两定态之间的差值 $\Delta E = E_1 - E_2$，当光量子把一部分能量交给分子时，光量子则以较小的频率散射出去，称为频率较低的光（斯托克斯线），散射分子接受的能量转变成为分子的振动或转动能量，从而处于激发态，如图 7-1（b），这时的光量子的频率为 $\nu' = \nu_0 - \Delta\nu$；当分子已经处于振动或转动的激发态 E_1 时，光量子则从散射分子中取得了能量 ΔE（振动或转动能量），以较大的频率散射，称为频率较高的光（反斯托克斯线），这时的光量子的频率为 $\nu' = \nu_0 + \Delta\nu$。如果考虑到更多的能级上分子的散射，则可产生更多的斯托克斯线和反斯托克斯线。

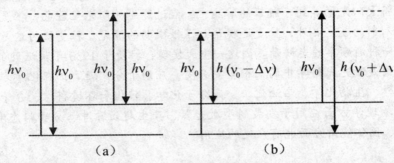

上能态是虚能态，实际不存在。这样的跃迁过程只是一种模型，实际并没有发生。

图7-1　拉曼散射的量子理论解释

最简单的拉曼光谱如图 7-2 所示，在光谱图中有三种线，中央的是瑞利散射线，频率为 ν_0，强度最强；低频一侧的是斯托克斯线，与瑞利线的频差为 $\Delta\nu$，强度比瑞利线的强度弱很多，约为瑞利线的强度的几百万分之一至上万分之一；高频的一侧是反斯托克斯线，与瑞利线的频差亦为 $\Delta\nu$，和斯托克斯线对称的分布在瑞利线两侧，强度比斯托克斯线的强度又要弱很多，因此并不容易观察到反斯托克斯线的出现，但反斯托克斯线的强度随着温度的升高而迅速增大。斯托克斯线和反斯托克斯线通常称为拉曼线，其频率常表示为 $\nu_0 \pm \Delta\nu$，$\Delta\nu$ 称为拉曼频移，这种频移和激发线的频率无关，以任何频率激发这种物质，拉曼线均能伴随出现，它只与样品分子的振动转动能级有关。因此从拉曼频移，我们可以鉴别拉曼散射池所包含的物质。

$\Delta\nu$ 的计算公式为：

$$\Delta\nu = \frac{1}{\lambda} - \frac{1}{\lambda_0}$$

式中，λ 和 λ_0 分别为散射光和入射光的波长。$\Delta\nu$ 的单位为 cm^{-1}。

三、仪器结构与原理

1. 仪器的结构

LRS–II 激光拉曼 / 荧光光谱仪的总体结构如图 7–3 所示。

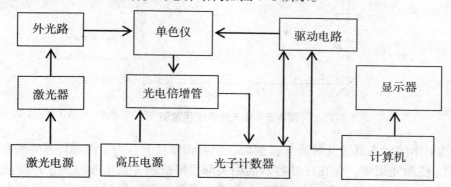

图7–3 激光拉曼/荧光光谱仪的结构示意图

（1）单色仪

单色仪是用光栅衍射的方法获得单色光的仪器，它可以把紫外、可见及红外 3 个光谱区的复合光分解为单色光。单色仪的光学结构如图 7–4 所示。S_1 为入射狭缝，M_1 为准直镜，G 为平面衍射光栅，衍射光束经成像物镜 M_2 会聚，平面镜 M_3 反射直接照射到出射狭缝 S_2 上，在 S_2 外侧有一光电倍增管 PMT，当光谱仪的光栅转动时，光谱讯号通过光电倍增管转换成相应的电脉冲，并由光子计数器放大、计数，进入计算机处理，在显示器的荧光屏上得到光谱的分布曲线。

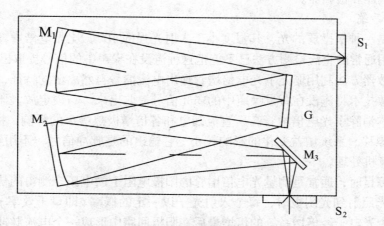

图7–4 单色仪的光学结构示意图

（2）激光器

本仪器采用 40mW 半导体激光器，输出波长为 532nm 的激光，该激光器输出的激光为偏振光。

（3）外光路系统

外光路系统主要由激发光源（半导体激光器）五维可调样品支架 S，偏振组件 P_1 和 P_2 以及聚光透镜 C_1 和 C_2 等组成（图 7–5）。

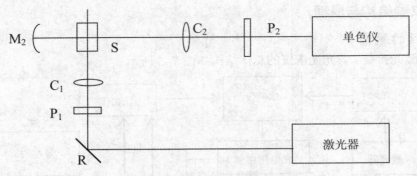

图7-5　外光路系统示意图

激光器射出的激光束被反射镜 R 反射后，照射到样品上。为了得到较强的激发光，采用一聚光镜 C_1 使激光聚焦，使在样品容器的中央部位形成激光的束腰。为了增强效果，在容器的另一侧放一凹面反射镜 M_2。凹面镜 M_2 可使样品在该侧的散射光返回，最后由聚光镜 C_2 把散射光会聚到单色仪的入射狭缝上。

调节好外光路，是获得拉曼光谱的关键，首先应使外光路与单色仪的内光路共轴。一般情况下，它们都已调好并被固定在一个钢性台架上。可调的主要是激光照射在样品上的束腰应恰好被成像在单色仪的狭缝上。是否处于最佳成像位置可通过单色仪扫描出的某条拉曼谱线的强弱来判断。

（4）偏振部件

做偏振测量实验时，应在外光路中放置偏振部件。它包括改变入射光偏振方向的偏振旋转器，还有起偏器和检偏器。

（5）探测系统

拉曼散射是一种极微弱的光，其强度小于入射光强的 10^{-6}，比光电倍增管本身的热噪声水平还要低。用通常的直流检测方法已不能把这种淹没在噪声中的信号提取出来。

单光子计数器方法利用弱光下光电倍增管输出电流信号自然离散的特征，采用脉冲高度甄别和数字计数技术将淹没在背景噪声中的弱光信号提取出来。与锁定放大器等模拟检测技术相比，它基本消除了光电倍增管高压直流漏电和各倍增极热噪声的影响，提高了信噪比；受光电倍增管漂移，系统增益变化的影响较小；它输出的是脉冲信号，不用经过 A/D 变换，可直接送到计算机处理。

在非弱光测量时，通常是测量光电倍增管的阳极电阻上的电压。测得的信号或电压是连续信号。当弱光照射到光阴极时，每个入射光子以一定的概率（即量子效率）使光阴极发射一个电子。这个光电子经倍增系统的倍增最后在阳极回路中形成一个电流脉冲，通过负载电阻形成一个电压脉冲，这个脉冲称为单光子脉冲。除光电子脉冲外，还有各倍增极的热发射电子在阳极回路中形成的热发射噪声脉冲。热电子受倍增的次数比光电子少，因而它在阳极上形成的脉冲幅度较低。此外还有光阴极的热发射形成的脉冲。噪声脉冲和光电子脉冲的幅度的分布如图 7-6 所示。脉冲幅度较小的主要是热发射噪声信号，而光阴极发射的电子（包括光电子和热发射电子）形成的脉冲幅度较大，出现"单光电子峰"。用脉冲幅度甄别器把幅度低于 V_h 的脉冲抑制掉。只让幅度高于 V_h 的脉冲通过就能实现单光子计数。单光子计数器的框图见图 7-7。

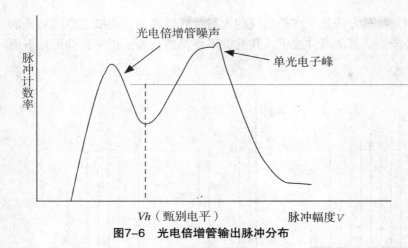

图7-6 光电倍增管输出脉冲分布

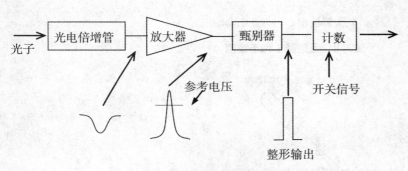

图7-7 单光子计数器的框图

光子计数器中使用的光电倍增管其光谱响应应适合所用的工作波段：暗电流要小（它决定管子的探测灵敏度）；相应速度及光阴极稳定。光电倍增管性能的好坏直接关系到光子计数器能否正常工作。

放大器的功能是把光电子脉冲和噪声脉冲线性放大，应有一定的增益，上升时间 ≤ 3ns，即放大器的通频带宽达 100MHz；有较宽的线性动态范围及低噪声，经放大的脉冲信号送至脉冲幅度甄别器。

在脉冲幅度甄别器里设有一个连续可调的参考电压 V_h（域值）。如图 7-8 所示，当输入脉冲高度低于 V_h 时，甄别器无输出。只有高于 V_h 的脉冲，甄别器输出一个标准脉冲。如果把甄别电平选在图 7-6 中的谷点对应的脉冲高度上，就能去掉大部分噪声脉冲而只有光电子脉冲通过，从而提高信噪比。脉冲幅度甄别器应甄别电平稳定；灵敏度高；死时间小、建立时间短、脉冲对分辨率小于 10ns，以保证不漏计。甄别器输出经过整形的脉冲。

计数器的作用在规定的测量时间间隔内将甄别器的输出脉冲累加计数。在本仪器中此间隔时间与单色仪步进的时间间隔相同。单色仪进一步，计数器向计算机送一次数，并将计数器清零后继续累加新的脉冲。

（6）陷波滤波器

陷波滤波器旨在减小仪器的杂散光提高仪器的检出精度，并且能将激发光源的强度大大降低，有效的保护光电管。LRS-2 型配置的陷波滤波器中心波长为 532nm，半宽度为 20nm。

2．仪器调整

（1）光学原理图

图 7-8 为本实验光学原理图。

（2）外光路的调整

图 7-9 中，其单色仪部分出厂时已由专业人员调整好，不允许操作者自行调整。操作者只需熟悉外光路的调整，即可收到好的拉曼光谱图。

外光路包括聚光、集光、样品架、偏振等部件。调整外光路前，请先检查一下外光路是否正常。若正常立即可以测量。其方法是：在单色仪的入射狭缝处放一张白纸观察瑞利光的成像，即一绿光亮条纹是否清晰。若清晰并也进入狭缝就不要调整。若不正常，即可按下面的方法调整。

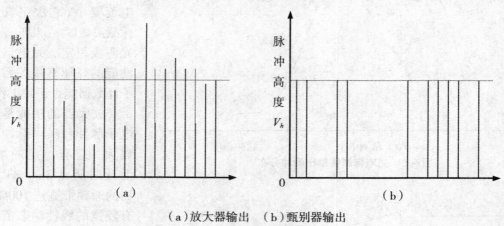

（a）放大器输出 （b）甄别器输出

图7-8 甄别器工作示意图

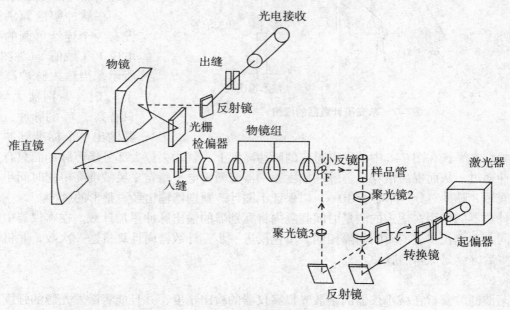

图7-9 原理图

① 聚光部件的调整

聚光部件是为了增强样品上入射光的辐照功率。本设备采用图 7-11 中的序号 16 聚光透镜 2 完成的，它使会聚光束的腰部正好位于试管中心。

a. 图 7-10 中的搬手（序号 8）是专门用来转动转换镜组的。当您面对仪器，打开外光路罩，观察搬手位置，若已位于正入射位置即不要调整；若不对需将搬手向里推到推不动为止，此时为正入射位置。

b. 让激光通过图 7-10 中的正入射反射镜（序号 9）中心，将光向上反射并垂直入射到试管中心。用眼睛观察激光束要与主机底面垂直。如不垂直，先取出试管，而后观察激光是否通过聚光镜 2（图 7-11 中的序号 17）的中心。若不是通过中心，请调整正入射反射镜架，该镜架为三维调整架。操作者可以反复调整，直到满意为止，而后将试管装好。此时，若光没有通过试管中心，也不与试管方向平行，此时千万别调正入射反射镜镜架。因为此时的不平行是由于试管架引起的，试管架为四维调整架（图 7-11 中的序号 9）反复调整该架，使试管进入光路中心。

1—背光路反射镜；　2—物镜筒；
3—背光路小反射镜架；
4—样品架；5—外光路罩；
6—物镜2；7—转换镜组2；
8—搬手；9—正入射反射镜

图7-10　外光路结构图

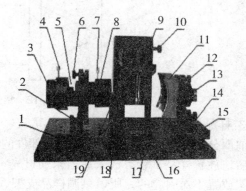

1—调节螺钉1；　　2—调节螺钉2；　　3—聚光镜1；
4—螺钉1；　　　5—凹波滤波片安装位置；
6—调节螺钉3；　7—螺钉2；　　　8—物镜1；
9—试管支架；　10—调节螺钉4；　11—物镜2；
12—调节螺钉5；　13—螺钉3；　　14—调节螺钉6；
15—调节螺钉7；　16—波片；　　　17—聚光镜2；
18—背入射小反射镜；　　　　19—螺钉4

图7-11　外光路结构图二

c. 观察激光束的最细部分是否位于试管中心（即光学中心）。若不是在中心，请细调聚光镜 2（图 7-11 中的序号 17）的焦点，聚光镜 2 的调整是螺纹调整，上、下调整直到满意为止。完成以上几步，正入射聚光部分调整完成。

② 集光部件的调整

集光部件是为了最有效的收集拉曼光。该仪器采用一物镜组（图 7-10 中的序号 3、8）及物镜 2（图 7-11 中的序号 11）来完成。

a. 参阅图 7-12，可以看到物镜组（图 7-9 中的序号 2）的全部结构。首先，拿一张白纸放在单色仪的入缝处，观察是否有绿色亮条纹象与狭缝平行。若此时绿色亮条纹清晰，并进入狭缝，就不需再调整了。若象清晰但未进入狭缝则可调整图 7-11 中的（序号 1）的调节螺钉 1，让像进入狭缝。这里主要谈谈若象不清楚的调整方法，参阅图 7-11。用纸挡住图 7-11 中的（序号 11）物镜 2，将螺钉 2（序号 7）松开，前后调整物镜 1（序号 8），目测物镜右端距试管中心 50mm 左右，然后用螺钉 2 锁紧，再将螺钉 1（序号 4）松开。前后调整集光镜 1（序号 3），并在狭缝入口处放一张白纸，一边调整，一边观察像，直到像清晰为止。

b. 拉曼光谱的收集除了物镜组外，物镜 2 也起很大的作用，必须认真调整物镜 2，使其收集的光进入单色仪，将挡住物镜2的纸取出，松动图7-11（序号13）螺钉3，前后推动物镜2，并观察入缝处的绿光像，移到像清晰后，将螺钉2锁紧。但此时物镜2的象不一定与物镜1的像重合。此时可调节图7-11中（序号15）调节螺钉7，使二个像重合。然后观察该像是否进入单色仪的入缝。若没有可以调节图7-11（序号1）调节螺钉1，让绿色的亮条纹进入入射狭缝。

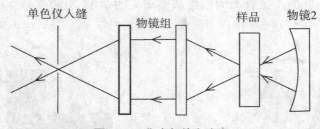

图7-12　集光部件光路图

③ 样品架的调整

前面分别介绍了光源、聚光、集光部件的调整方法。平日实验请操作者按以上顺序操作，完成后请放置样品试管，放入后若未通过光学中心，请不要再调入射光镜架。因为此时是因样品架放置不对引起的，所以只调样品支架，样品支架为四维调整架（图7-10中的序号9）。反复调整该支架，使试管进入光路中心。

（3）开机

前面已经完成了外光路的调整，现在只须检查主机与计算机、单光子系统接线是否正确即可开机。

四、实验内容

1. 记录CCl4分子的振动拉曼谱

① 要求完整记录包括瑞利线和斯托克斯、反斯托克斯线的振动拉曼谱，体验拉曼光谱的基本实验技术和认识拉曼谱的主要特点。

② 拉曼光谱仪的外光路调节到使入射激光束铅垂地通过需要放置样品的中心，并且样品最佳地成像于单色仪入射狭缝。

③ 合适地调节信号接收系统的各项参数，使谱图的基线位于记录纸宽度的 1/10 ～ 1/8 处，而最强拉曼线的尖峰位于以 2/3 ～ 3/4 处。

④ 实验报告要求记录所有实验参数，特别要标明狭缝的几何宽度和波长扫描范围；在谱图上把波长标度换成波数差标度，在各谱线峰尖处标出其波数差值；比较各谱钱实测的相对强度。

2. （选作）用拉曼光谱识别化学样品（测量无水乙醇、无水甲醇的拉曼光谱）

五、实验步骤

① 取出 1 支液体样品管。用分析纯乙醇清洗内外壁，待挥发之后，倒入样品（四氯化碳分析纯）。将样品管固定在样品架上，再放入样品台上。

② 光谱仪的聚光系统部分已调好，无需再动。若激光未通过光学中心，则调节样品的

四维调整架。反复调整该支架，使在样品容器的中央部位形成激光的束腰。

③ 按照集光部件的调整方法调整好外光路，使得在单色仪的入射狭缝处形成一条清晰的绿光亮条纹，然后将杂散光的成像对准单色仪的入射狭缝上，调整狭缝宽度在 0.2mm 左右。

④ 启动 LRS–II/III 应用软件。

⑤ 通过阈值窗口选择适当的阈值，在参数设置区设置阈值和积分时间及其他参数。

⑥ 调节狭缝宽度：根据四氯化碳的谱线选择某一波长进行定点扫描，在扫描过程中调节狭缝的宽度，边调节边观察谱线的强度，使强度值达最高点的狭缝宽度为最佳效果。

⑦ 扫描数据：波长范围从 510 ~ 560nm。

⑧ 寻找峰值，分别记录瑞利线和斯托克斯、反斯托克斯谱线的波长和强度。

⑨ 根据记录的峰值计算拉曼频移。

六、注意事项

① 光电指标是互相关联，又互相制约的，应通过不断摸索找出最佳值。

② 作谱图时，特别刚倒入样品 1 ~ 2h 内，经常出现不应有的峰，这是由于样品中含有悬浮物引起的散射，当然还可能有大气中尘埃造成的散射。

③ 本仪器可在一般照明条件下收集拉曼散射，但仍应避免强光直接照射，以免光噪声的增强。

④ 光电倍增管及其与单色仪出射狭缝接口处发生漏光是直接进入光电管的，应特别引起注意。

⑤ 尘埃会使光学部件性能变坏，尘埃产生的散射将严重的增加光谱仪噪声的背景。因而拉曼分光计应在少尘的室内使用。

⑥ 拉曼分光计是精密的光学系统。因此要注意防震，工作时仪器外光路的门、盖要轻开轻闭。

七、思考题

① 光栅单色仪的作用是什么？其入出狭缝宽如何选取？改变狭缝宽对谱线有何影响？

② 如何调节使样品得到最佳照明从而得到最佳的谱图？步骤和方法如何？

③ 简述域值（甄别电平）对谱线信噪比的影响？如何选择恰当的域值？

实验八　夫兰克-赫兹实验

【知识点介绍】

1913 年，丹麦物理学家波尔（N.BOHR）提出了一个氢原子模型，并指出原子存在能级。该模型在预言氢光谱的观察中取得了显著的成功。根据波尔的原子理论，原子光谱中的每根谱线表示原子从某一个较高能态向另一个较低能态跃迁时的辐射。1914 年，德国物理学家夫兰克（J.FRANCK）和赫兹（G.HERTZ）对勒纳用来测量电离电位的实验装置作了改进，他们同样采取慢电子（几个到几十个电子伏特）与单元素气体原子碰撞的办法，但着重观察碰撞后电子发生什么变化（勒纳则观察碰撞后离子流的情况）。通过实验测量，电子和原子碰撞时会交换某一定值的能量，且可以使原子从低能级激发到高能级，直接证明了原子发生跃变时吸收和发射的能量是分立的、不连续的，证明了原子能级的存在，从而证明了波尔理论的正确性，因而获得了 1925 年诺贝尔物理学奖。

夫兰克 – 赫兹实验至今仍是探索原子结构的重要手段之一，实验中用的"拒斥电压"筛去小能量电子的方法，已成为广泛应用的实验技术。

【预习思考题】

1. F–H 实验是如何观测到原子能级变化的？
2. 当加速电压超过电离电位时，在什么情况下可使原子激发而不电离，实验时又如何使原子激发和电离的？
3. 实验中得到的曲线为什么呈周期性变化？
4. 选择不同的 U_{G1K} 和 U_{G2A}，对曲线会产生什么影响？
5. 举出实验误差产生的诸因素。
6. I_A–$U_{G2K}V_{GK}$ 曲线各极小值处于 IA 的值均不为零，且随 U_{G2K} 的增加而上升，这是为什么？
7. 为什么第一峰值不是氩原子的第一激发电位值？

一、实验目的

① 掌握夫兰克 – 赫兹实验（F–H 实验）的原理和方法。
② 通过气体原子激发电位的测定来证明原子内能的量子化——原子能级的存在。
③ 分析灯丝电压等因素对 F–H 实验曲线的影响。
④ 了解计算机实时测控系统的一般原理和使用方法。

二、实验原理

1. 原子内能的量子化

原子的内能是由组成原子的微观粒子的相互作用和运动

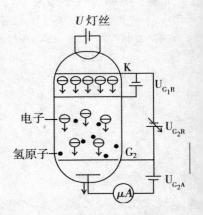

图8-1　原子碰撞原理图

状态所决定的。玻尔理论认为原子只能存在于一些稳定状态中，这些稳定状态的能量，组成一个离散的集合：E_1，E_2，$\cdots E_n$。原子在不同的稳定态所具有的内能在数量上存在一些特定的差值。而原子发生非弹性碰撞时将改变其内能及状态，但这种改变只能按照从一个稳定态到另一个稳定态的"跃迁"的方式进行。"跃迁"意味着原子的内能不变则已，一·变就至少变一个特定的差值。

我们把能量最低的稳定态叫做基态，而把那些能量较高的稳定态叫做激发态。使原子由基态跃迁到某一激发态所需要的特定的能量差值叫做原子的激发能，或以原子激发电位表示。

2. 热电子的动能和气态原子的激发

如图 8-1 所示，当灯丝加热时，阴极 K 即发射电子，这些电子在 U_{G_2K} 间的加速电场作用下向栅极加速运动，形成电子流。这些电子在加速过程中将不断与气体原子碰撞，可以用以下方程表示：

$$\frac{1}{2}m_e v^2 + \frac{1}{2}MV^2 = \frac{1}{2}m_e v'^2 + \frac{1}{2}MV'^2 + \Delta E$$

其中 m_e 是电子质量，M 是原子质量，v 是电子的碰撞前的速度，V 是原子的碰撞前的速度，v' 是电子的碰撞后速度，V' 是原子的碰撞后速度，ΔE 为内能项。因为 $m_e \leqslant M$，所以电子的动能可以转变为原子的内能。因为原子的内能是不连续的，所以电子的动能小于原子的第一激发态电位时，原子与电子发生弹性碰撞 $\Delta E = 0$；当电子的动能大于原子的第一激发态电位时，电子的动能转化为原子的内能 $\Delta E = E_1$，E_1 为原子的第一激发电位。

设一束电子从阴极发射后初速度为零，那么受加速电压的作用而到达栅极 G_2 时电子所获得的动能为：$E_K = \frac{1}{2}mv^2 = eU_{2K}$。但在起始阶段，由于 U_{G_2K} 较低，电子动能 E_K 小于原子的激发能（E_2-E_1），因而不激发原子。即使运动过程中，它与原子相碰，也只有微小的能量交换。所以从阴极发射的电子与气态的原子发生多次碰撞后，到达栅极时仍有足够的动能 E_K 可以克服反向电压 U_{G_2A} 的阻碍，向板极运动，就形成板极电流 I_A。这时穿过第二栅极的电子形成的板极流 I_A 将随第二栅极电压 V_{G_2K} 的增加而增大。

在加速电场中，如果电子所积累的动能 E_K 等于或大于原子的激发能（E_2-E_1），那么，在电子与原子之间就会产生非弹性碰撞，原子动能由基态被激发到某一激发态。而电子所损失的动能在数量上恰好等于该原子的这一激发能（E_2-E_1），与此同时，电子激发原子后尚可具有剩余动能。如果有大量电子经过与原子的非弹性碰撞而到达栅极时，剩余动能不足以克服反向电压 U_{G_2A} 的作用，就不能到达板极 A，板极电流 I_A 将显著减小。

如果继续加大 V_{G_2K}，那么电子的动能又会增加，当电子积累的动能足以克服反向电压 V_{G_2A} 的阻碍作用时，电子又能到达板极，电流 I_A 又开始上升。由此可见，板极电流 I_A 随着加速电压 V_{G_2K} 的增加而出现一个极大值和极小值之后将重新增大。

这个极小值的出现表示绝大多数电子参与了原子的激发。如果电子与原子在栅极处产生非弹性碰撞，其剩余动能恰好等于零，那么与此时加速电压相对应的电子的动能就是原子的激发能。

在非弹性碰撞中损失部分或全部动能的电子在加速电场的作用下会重新获得并积累动能，有可能再次激发其他原子。因此只要 V_{G_2K} 足够大，电子在从阴极到栅极的整个路程上接连多次激发不同的原子也是可能的。

电子多次参与原子的激发后到达栅极时所具有的剩余动能是以原子激发能的大小为上限随加速电压 U_{G_2K} 的增加而作周期性变化的。因此，能克服反向电压到达板极的电子数也就是板极电流的大小也随着加速电压的增加而周期性的出现极大值和极小值，如图 8-2 所示。

与两个相邻板极电流的极大值（或极小值）对应的加速电压的差值就是原子的第一激发电位。且有：

$$E_2 - E_1 = e\,(U_{G_2K}' - U_{G_2K})$$

本实验通过测定板极电流随加速电压的变化，做出 I_A—U_{G_2K} 图，从而说明了玻尔—原子能级的存在。计算出第一激发电压值。

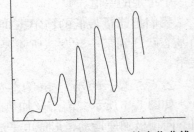

图8-2　板极电流值随U_{G_2K}的变化曲线

三、实验仪器

智能夫兰克—赫兹实验仪。

主要由夫兰克—赫兹管、程控直流稳压电源（U_{G_2K}，U_{G_2A}，$U_{灯丝}$，U_{G_1K}）、程控直流微电流表、计算机组成。

智能夫兰克—赫兹实验仪可直接测量板极电流，测量范围是 $10\,\mu A \sim 10mA$，共四档，测量数据可直接由面板读出，同时可传给计算机。实验过程由计算机辅助实验系统软件进行监控。

四、实验步骤

1．手动测试

① 熟悉实验装置结构和使用方法。

② 按照实验要求连接实验线路，检查无误后开机（主机和计算机）。

③ 开实验主机后面板显示为：实验主机的电流值为 $0.000\,\mu A$；电压值为 $0.000V$；灯"$1\,\mu A$"点亮，表明此时电流的量程为 $1\,\mu A$；灯"灯丝电压"点亮，表明此时修改的电压为灯丝电压；最后一位在闪动，表明现在修改位为最后一位；灯"手动"点亮，表明此时操作为手动操作。缓慢将灯丝电压调至 2.5V，第一栅极电压调至 1.0V，拒斥电压调至 7.5V，预热 1 分钟。

④ 在主机上按下工作方式的手动按钮，在面板上输入实验参数：主机电流选 $0.1\,\mu A$ 档，灯丝电压 5.0V，第一栅极电压 2.5V，拒斥电压 7.0V。

在计算机上打开计算机辅助实验系统软件，输入学号，姓名，进入系统。读取实验参数，证实参数设置无误。工作方式选择"联机显示"，单击"下一步"。点击菜单上的"数据通讯-开始实验"，开始数据采集状态，进行跟踪显示测试结果。

主机选择"手动"，按下 U_{G_2A} 按钮，指示灯亮，启动主机，按下面板上的↑／↓键，逐渐增加 U_{G_2A}，由 I_A 显示窗口可见 I_A 也随之变化。

这时计算机上显示出板极电流随 V_{G_2A} 的变化图像，同时显示 I_A 和 V_{G_2K} 值。

⑤ 点击菜单上的"数据通讯-保存数据"。

⑥ 记下 I_A 和 U_{G_2K} 值，在坐标纸上画出 I_A—U_{G_2K} 曲线。利用波峰或波谷的位置求出氩原子的第一激发电位。与理论值 11.5eV 比较，计算相对误差。

2．联机显示

① 在计算机上打开计算机辅助实验系统软件，输入学号，姓名，进入系统。输入实验参数（分别改变灯丝电压和拒斥电压各一次）。工作方式选择"联机测试"，单击"下一步"。点击菜单上的"数据通讯－开始实验"，开始数据采集状态。

这时计算机上显示出板极电流随 U_{G_2A} 的变化图像，同时显示 I_A 和 V_{G_2K} 值。

② 点击菜单上的"数据通讯－保存数据"。

③ 分别记下两次的 I_A 和 U_{G_2K} 值，在前一坐标纸上两分别画出 I_A-U_{G_2K} 曲线。观察 3 条实验曲线各有什么相同和不同，分析原因。

五、注意事项

F-H 管很容易因电压设置不合适而遭到损害，所以，要按照规定的实验步骤和适当的状态进行实验。

实验九 密立根油滴实验

电子作为基本电荷被认识以来，它的质量、电量都是人们渴求得以测量的基本物理量。密立根油滴实验就是利用油滴带电，通过分析油滴在空气中的自由下落运动，而测量出电子电量的，是非常经典的实验方法。传统的密立根油滴实验是用眼在显微镜中直接观测油滴，长时间观察，眼睛疲劳、酸痛。本实验采用 CCD 摄像机成像，监视器屏幕显示。视野宽广，观测省力，免除眼睛疲劳。

【预习思考题】

1. 为什么要测量油滴匀速运动的速度？在实验中怎样才能保证油滴作匀速运动？

2. 监视器上显示的刻度值是否会因为监视屏的大小而变化？本仪器的刻线每格值为多少？若测量1.5mm的距离要测几个格？

3. 喷油时 K_2 开关应该处在什么位置？为什么？若使油滴静止，K_2 处于什么位置？如何调节才能使油滴静止？为什么？

4. 如何把屏幕下方的油滴调到上方你测量需要的位置？为什么？

5. 如何选择油滴？油滴的大小对测量有影响吗？为什么？

6. 平衡法测量时，将 K_2 拨向"0V"之前，K_3（计时／停）应在什么位置？

7. 如果找不到油滴可能有哪些原因？

一、实验目的

① 了解 CCD 图像传感器的原理与应用，学习电视显微测量方法。

② 验证电量的量子性，测量电子电荷。

二、实验原理

一个质量为 m，带电量为 q 的油滴处在间距为 d 的二块平行极板之间，平行极板未加电压时，油滴受重力和空气阻力作用，加速下落一段后，重力与空气阻力平衡，油滴匀速下落。设此时速度为 v_g，则：

$f_r = 6\pi a \eta v_g = mg$，其中 η 为空气的黏滞系数，a 为油滴的半径。

$\because m = \frac{4}{3}\pi \cdot a^3 \rho \qquad \therefore a = (\frac{9\eta v_g}{2\rho_g})^{\frac{1}{2}}$

当平行极板加电压 U 时，油滴受到电场力 qE 的作用，设电场力与重力反向，油滴向上运动，随着油滴加速，空气阻力增加，则当油滴达到平衡时：

$6\pi a \eta v_e = qE - mg$，其中 v_e 为油滴匀速上升的速度。

$\because E = \frac{U}{d}$，

$\therefore q = m\dfrac{d}{U}(\dfrac{v_g + v_e}{v_g})$

$\hfill(9\text{-}1)$

可见：只要测出 U、d、V_e、V_g，求出油滴的质量 m，即可算出油滴所带电量。

由于油滴很小，空气不能看成连续媒质，所以将空气黏滞系数 η 修正为：

$$\eta' = \frac{\eta}{1 + \dfrac{b}{pa}}$$

式中 b 为修正常数，p 为空气压强。由于修正项不必计算得很精确，所以油滴半径 a 不必修正。

在实际测量中，可用"动态法"和"静态法"实施测量。

1. 动态法测油滴电荷

实验时取油滴匀速下落和匀速上升的距离相等，则：

$$v_g = \frac{1}{t_g} \qquad v_e = \frac{1}{t_e}$$

由（3.7-1）式可得：$q = \dfrac{18\pi}{\sqrt{2\rho g}}\left(\dfrac{\eta l}{1 + \dfrac{b}{pa}}\right)^{\frac{3}{2}} \dfrac{d}{U}\left(\dfrac{1}{t_e} + \dfrac{1}{t_g}\right)\left(\dfrac{1}{t_g}\right)^{\frac{1}{2}}$

令 $K = \dfrac{18\pi}{\sqrt{2\rho g}}\left(\dfrac{\eta l}{1 + \dfrac{b}{pa}}\right)^{\frac{3}{2}} \cdot d$

即 $q = K\left(\dfrac{1}{t_e} + \dfrac{1}{t_g}\right)\left(\dfrac{1}{t_g}\right)^{\frac{1}{2}}\dfrac{1}{U}$：   （9-2）

所以，实验中主要测出油滴匀速下落与上升的时间，以及上升的电压，由式（9-2）就可计算出油滴的电荷。

2. 静态法测油滴电荷

调节平行极板间产生的电压，使油滴不动，$v_e = 0$ 即 $t_e \rightarrow \infty$，这时：

$$q = K\left(\dfrac{1}{t_g}\right)^{\frac{3}{2}} \cdot \dfrac{1}{U} \quad 或$$

$$q = \dfrac{18\pi}{\sqrt{2\rho g}}\left[\dfrac{\eta l}{t_g\left(1 + \dfrac{b}{pa}\right)}\right]^{\frac{3}{2}} \cdot \dfrac{d}{U}$$

（9-3）

即：在此方法中，主要测量使油滴静止不动的电压值和匀速下落 l 距离的时间 t_g，就可以测量出油滴的电荷。

三、实验仪器

CCD 微机密立根油滴仪、监视器 CCD 微机密立根油滴仪主要由油滴盒、CCD 电视显微镜、电路箱、监视器等组成。

1. 油滴盒

见图 9-1，中间是两个圆形平行极板，上下电极直接用精细加工的平板垫在胶木圆环上，这样，极板间的不平行度、极板间的间距误差都可以控制在 0.01mm 以下。在上电极板中心有一个 0.4mm 的油雾落入孔，在胶木圆环上开有显微镜观察孔、照明孔和一个备用孔为采用紫外线等手段改变油滴带电量时启用。

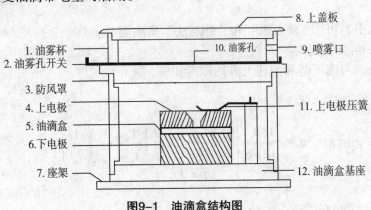

图9-1　油滴盒结构图

在油滴盒外套有防风罩，罩上放置一个可取下的油雾杯，杯底中心有一个落油孔及一个档片，用来开关落油孔。

在照明座上方有一个安全开关，当取下油雾杯时，平行电极就自行断电。在上电极板上方有一个可以左右拨动的压簧，只有将压簧拨向最边位置，方可取出上极板。照明灯安装在照明座中间位置，采用了带聚光的半导体发光器件。

2. 电路箱

电路箱体内装有高压产生、测量、显示等电路。底部装有 3 只调平手轮，面板结构见图 9-2。由测量显示电路产生的电子分划板刻度，与 CCD 摄像头的行扫描严格同步，刻度线做在 CCD 器件上，所以，尽管监视器屏幕大小不同，或监视器本身有非线性失真，但刻度值是不会变的。标准的分划板是 8×3 结构，垂直线视场为 2mm，分 8 个格，每格值为 0.25mm。

在面板上有两只控制平行极板电压的 3 挡开关，K_1 控制上极板电压的极性，K_2 控制极板上电压的大小。当 K_2 处于中间位置即"平衡"挡时，可用电位器调节平衡电压；

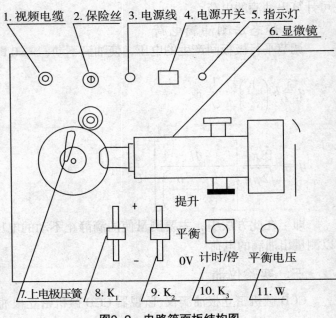

图9-2　电路箱面板结构图

打向"提升"档时,自动在平衡电压的基础上增加 200～300V 的提升电压;打向"0V"档时,极板上电压为0V。

K_2 的"平衡"、"0V"档与计时器的"计时/停"是联动的。在 K_2 由"平衡"打向"0V",油滴开始匀速下落的同时开始计时,油滴下落到预定距离时,迅速将 K_2 由"0V"打向"平衡"档,油滴停止下落的同时停止计时。这样,在屏幕上显示的是油滴实际的运动距离及对应的时间。

由于空气阻力的存在,油滴是先经一段变速运动然后进入匀速运动的。但这变速运动时间非常短,小于 0.01 秒,与计时器精度相当。所以可以看作当油滴自静止开始运动时,油滴是立即作匀速运动的,运动的油滴突然加上原平衡电压时,将立即静止下来。

计时器采用"计时/停"方式,即按一下开关,清零的同时立即开始计数,再按一下,停止计数,并保存数据。计时器的最小显示为 0.01 秒,但内部计时精度为 1μs,也就是说,清零时刻仅占用 1μs。

四、实验步骤

1. 仪器的准备

擦净油滴盒或油雾室,保证油滴盒上电极板中央小孔畅通,油雾孔无油膜堵住,检查上极板压簧是否和上电极板接触好,盖上盖子,开启油雾孔。

连接仪器,调整水平,打开电源,按下"计时/停"按钮。

2. 练习选择合适的油滴

油滴的选择很重要,大而亮的油滴必然质量大,所带电荷也多,而匀速下降时间则很短,增大了测量误差,给数据处理带来困难。对于 9 英寸监视器,目视油滴直径在 0.5～1mm 的较适宜。过小的油滴观察困难,布朗运动明显,误差较大。

将 K_2 置"平衡"档,调节电压,利用喷雾器向油雾室喷油。调整显微镜使屏幕上出现清晰的图像。调整监视器使油滴图像清晰。观察并选择几颗缓慢运动、较为清晰明亮的油滴。将 K_2 置"0V"档,观察各颗油滴,从中选一颗作为测量对象。

3. 练习控制油滴运动,练习测量油滴运动时间

选用平衡法和动态法进行测量。

（1）平衡法

调节油滴平衡,并用 K_2 控制将其移至起跑线上。按 K_3（计时/停）,让计时器停止计时,然后将 K_2 拨向"0V",油滴开始匀速下降的同时,计时器开始计时。到终点时迅速将 K_2 拨向"平衡",油滴立即静止,计时也立即停止。油滴下落的距离一般取 1.5mm。

（2）动态法

分别测出加电压时油滴上升的时间和不加电压时油滴下落的时间,代入公式求电量。油滴的运动距离一般取 1～1.5mm。

（3）求电子电荷

为了求电子电荷,对实验测得的各个电荷求最大公约数,就是电子电荷 的值。也可以测量同一油滴所带电荷的改变量,这时应近似为某一最小单位的整数倍,此最小单位就是基本电荷。

4. 对某颗油滴重复5～10次测量,选择10～20颗油滴,求得电子电荷的平均值e

五、注意事项

① 将 OM98 面板上最右边带有 Q9 插头的电缆线接至监视器后背下部的插座上，一定要插紧，保证接触良好，否则图像紊乱或只有一些长条纹。阻抗选择开关一定要拨在 75Ω 处。

② 仪器使用前要调节底座上的 3 只调平手轮，将水泡调平。照明光路不需要调整。CCD 显微镜也不需用调焦针插在平行电极孔中来调节，只需将显微镜筒前端和底座前端对齐，然后喷油后再稍稍前后微调即可。在使用中，前后调焦范围不要过大，取前后调焦 1mm 内的油滴较好。

③ 喷雾器内的油不可装得太满，否则会喷出很多"油"而不是"油雾"，电极的落油孔。每次实验完毕应及时揩擦上极板及油雾室内的积油。

喷油时喷雾器的喷头不要深入喷油孔内，防止大颗粒油滴堵塞落油孔。

喷雾器的汽囊不耐油，实验后，将汽囊与金属件分离保管较好，可延长寿命。

④ 油滴仪的电源保险丝的规格是 2A。如需打开机器检查，一定要拔下电源插头再进行。

⑤ 判断油滴是否平衡要有足够的耐性。经一段时间观察，油滴确实不移动才认为是平衡了。

⑥ 测准油滴上升或下降某段距离所需的时间，一是要统一油滴到达刻度线什么位置才认为油滴已踏线，二是眼睛要平视刻度线，不要有夹角。

六、实验中已知的数据:

重力加速度	$g=9.801\mathrm{m \cdot s^{-2}}$
空气黏滞系数	$\eta=1.83\times10^{-5}\mathrm{kg \cdot m^{-1} \cdot s^{-1}}$
修正常数	$b=6.17\times10^{-6}\mathrm{m \cdot cmHg}$
平行极板间距离	$d=6.00\times10^{-3}\mathrm{m}$

本实验中油的密度随温度的变化表:

t/℃	0	10	20	30	40
$\rho/(\mathrm{kg \cdot m^{-3}})$	991	986	981	976	971

七、思考题

① 对实验结果造成影响的主要因素有哪些?

② 如何判断油滴盒内两平行板是否水平? 不水平对实验结果有何影响?

③ 用 CCD 成像系统观测油滴比直接从显微镜中观测有何优点?

④ 油滴下落极快，说明了什么? 若平衡电压太小又说明了什么?

⑤ 为了减小计时误差，油滴下落是否越慢越好? 为什么?

实验十 电子衍射实验

【知识点介绍】

电子衍射是指电子在通过某些障碍物时发生衍射的现象。1927 年，贝尔实验室的 C.J. 戴维孙（Clinton Joseph Davisson）和 L.H. 革末（Lester Halbert Germer）在观察镍单晶表面对能量为 100eV 的电子束进行散射时，发现了散射束强度随空间分布具有不连续性，实质上就是电子的衍射现象。几乎与此同时，G.P. 汤姆孙（George Paget Thomson）和 A. 里德（A.Reid）用能量为 2 万 eV 的电子束穿过多晶薄膜做实验时，也观察到衍射现象。电子衍射的发现证实了 L.V. 德布罗意（De Broglie）提出的电子具有波动性的理论。

【预习思考题】

1. 德布罗意假说的内容是什么？
2. 晶胞对电子的散射的基本原理？电子衍射的运动学理论。
3. 观察电子衍射环和镀金属薄膜时为什么都必须在高真空条件下进行？它们要求真空度各是多少？
4. 在打开充气阀前，要注意什么？
5. 加高压时要缓慢，并且尽量缩短加高压的时间，这是为什么？
6. 样品银多晶薄膜的制备是如何制备的？
7. 拍摄完电子衍射图像取底片时，三通阀和蝶阀应处于什么位置？为什么？
8. 实验操作时有哪些注意事项？

一、实验目的

① 了解晶体几何学基本知识。
② 学习和掌握电子衍射的运动学理论，分析多晶体的衍射现象。
③ 掌握电子衍射仪的原理和实验技术。

二、实验原理

1. 德布罗意假设和电子波的波长

1924 年德布罗意提出物质波或称德布罗意波的假说，即一切微观粒子，也像光子一样，具有波粒二象性，并把微观实物粒子的动量 P 与物质波波长 λ 之间的关系表示为：

$$\lambda = \frac{h}{P} = \frac{h}{mv} \tag{10-1}$$

式中 h 为普朗克常数，m、v 分别为粒子的质量和速度，这就是德布罗意公式。

对于一个静止质量为 m_0 的电子，当加速电压在 30kV 时，电子的运动速度很大，已接近光速。由于电子速度的加大而引起的电子质量的变化就不可忽略。根据狭义相对论的理论，电子的质量为：

$$m = \frac{m_0}{\sqrt{1 - \dfrac{v^2}{c^2}}} \qquad\qquad (10\text{-}2)$$

式（10-2）中 c 是真空中的光速，将式（10-2）代入式（10-1），即可得到电子波的波长：

$$\lambda = \frac{h}{mv} = \frac{h}{m_0 v} \sqrt{1 - \frac{v^2}{c^2}} \qquad\qquad (10\text{-}3)$$

在实验中，只要电子的能量由加速电压所决定，则电子能量的增加就等于电场对电子所作的功，并利用相对论的动能表达式：

$$eU = mc^2 - m_0 c^2 = m_0 c^2 \left(\frac{1}{\sqrt{1 - \dfrac{v^2}{c^2}}} - 1 \right) \qquad\qquad (10\text{-}4)$$

从式（10-4）得到

$$v = \frac{c\sqrt{e^2 U^2 + 2 m_0 c^2 eU}}{eU + m_0 c^2} \qquad\qquad (10\text{-}5)$$

及

$$\sqrt{1 - \frac{v^2}{c^2}} = \frac{m_0 c^2}{eU + m_0 c^2} \qquad\qquad (10\text{-}6)$$

将式（10-5）和式（10-6）代入式（10-3）得

$$\lambda = \frac{h}{\sqrt{2 m_0 eU \left(1 + \dfrac{eU}{2 m_0 c^2} \right)}} \qquad\qquad (10\text{-}7)$$

将 $e = 1.602 \times 10^{-19}\text{C}$，$h = 6.626 \times 10^{-34}\text{J} \cdot \text{s}$，$m_0 = 9.110 \times 10^{-31}\,\text{kg}$，$c = 2.998 \times 10^8\text{m/s}$ 代入（10-7）式得

$$\lambda = \frac{12.26}{\sqrt{U(1 + 0.978 \times 10^{-6} U)}} \approx \frac{12.26}{\sqrt{U}} (1 - 0.489 \times 10^{-6} U)\ \text{Å} \qquad (10\text{-}8)$$

表10-1　不同加速电压下的电子波波长

加速电压/kV	0.15	10	20	30	40	50
波长/Å	1	0.122 0	0.085 8	0.069 8	0.060 1	0.053 5

由表 10-1 可见即使加速电压很高，但电子波的波长仍然很小，故要在实验中观察到电子衍射，采用人工刻制的光栅是不可能实现的。而晶体中原子间距在 10^{-8} 厘米数量级，因而实验中需要采用晶体光栅。

2．电子波的晶体衍射

本实验采用汤姆逊方法，让一束电子穿过无规则取向的多晶薄膜。电子入射到晶体上时各个晶粒对入射电子都有散射作用，这些散射波是相干的。对于给定的一族晶面，当入射角和反

射角相等，而且相邻晶面的电子波的波程差为波长的整数倍时，便出现相长干涉，即干涉加强。

从图 10-1 可以看出，满足相长干涉的条件由布拉格方程

$$2d\sin\theta=n\lambda \qquad (10-9)$$

决定。式中 d 为相邻晶面之间的距离，θ 为掠射角，n 为整数，称为反射级。

由于多晶金属薄膜是由相当多的任意取向的单晶粒组成的多晶体，当电子束入射到多晶薄膜上时，在晶体薄膜内部各个方向上，均有与电子入射线夹角为 θ 的而且符合布拉格公式的反射晶面。因此，反射电子束是一个以入射线为轴线，其张角为 4θ 的衍射圆锥。衍射圆锥

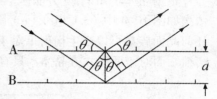

图10-1　相邻晶面电子波的程差

与入射轴线垂直的照相底片或荧光屏相遇时形成衍射圆环，这时衍射的电子方向与入射电子方向夹角为 2θ，如图 10-2 所示。

在多晶薄膜中，有一些晶面（它们的面间距为 d_1，d_2，d_3…）都满足布拉格方程，它们的反射角分别为 θ_1，θ_2，θ_3… 因而，在底片或荧光屏上形成许多同心衍射环。

可以证明，对于立方晶系，晶面间距为

$$d=\frac{a}{\sqrt{h^2+k^2+l^2}} \qquad (10-10)$$

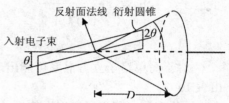

图10-2　多晶体的衍射圆锥

式中 a 为晶格常数，(h, k, l) 为晶面的密勒指数。每一组密勒指数唯一地确定一族晶面，其面间距由式（10-10）给出。

图 10-3 为电子衍射的示意图。设样品到底片的距离为 D，某一衍射环的半径为 r，对应的掠射角为 θ。

电子的加速电压一般为 30kV 左右，与此相应的电子波的波长比 x 射线的波长短得多。因此，由布拉格公式（10-9）看出，电子衍射的衍射角（2θ）也较小。由图 10-3 近似有

$$\sin\theta\approx r \ / \ 2D \qquad (10-11)$$

将式（10-10）和式（10-11）代入式（10-9），得

$$\lambda=\frac{r}{D}\times\frac{a}{\sqrt{h^2+k^2+l^2}}=\frac{r}{D}\times\frac{a}{\sqrt{M}}$$

式中（h, k, l）为与半径 r 的衍射环对应的晶面族的晶面指数，$M=h^2+k^2+l^2$。

对于同一底片上的不同衍射环，上式又可写成

$$\lambda=\frac{r_n}{D}\times\frac{a}{\sqrt{M_n}} \qquad (10-12)$$

式中 r_n 为第 n 个衍射环半径，M_n 为与第 n 个衍射环对应晶面的密勒指数平方和。在实验中只要测出 r_n，并确定 M_n 的值，就能测出电子波的波长。将测量值 $\lambda_{测}$ 和用式（10-8）计算的理论值 $\lambda_{理}$ 相比较，即可验证德布罗意公式的正确性。

3. 电子衍射图像的指数标定

实验获得电子衍射相片后，必须确认某衍射环是由哪一组晶面指数（h, k, l）的晶面族的布拉格反射形成的，才能利用（10–12）式计算波长 λ。

根据晶体学知识，立方晶体结构可分为 3 类，分别为简单立方、面心立方和体心立方晶体，依次如图 10–4 中（a）、（b）、（c）所示。由理论分析可知，在立方晶系中，对于简单立方晶体，任何晶面族都可以产生衍射；对于体心立方晶体，只有 $h + k + l$ 为偶数的晶面族才能产生衍射；而对于面心立方晶体，只有 $h + k + l$ 同为奇数或同为偶数的晶面族，才能产生衍射。

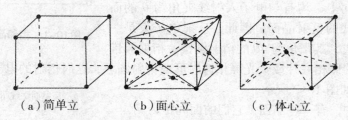

（a）简单立   （b）面心立   （c）体心立

图 10–4　三类立方晶

对于简单格子立方晶系可能出现的反射，按照（$h^2 + k^2 + l^2$）$= M$ 由小到大的顺序列出表 10–2。

因为在同一张电子衍射图像中，λ 和 a 均为定值，由（12）式可以得出

$$(\frac{r_n}{r_1})^2 = \frac{M_n}{M_1} \tag{10–13}$$

利用式（10–13）可将各衍射环对应的晶面指数（h, k, l）定出或将 M_n 定出。

方法是：测得某一衍射环半径 r_n 和第一衍射环半径 r_1，计算出 $(r_n/r_1)^2$ 值，在表 10–2 的最后一行 M_n / M_1 值中，查出与此值最接近的一列。则该列中的 h, k, l 和 M_n 即为此衍射环所对应的晶面指数。完成标定指数以后，即可用（10–12）式计算波长了。

表10–2 简单格子立方晶系衍射环对应的 M_n/M_1

衍射环序号	简单立方			体心立方			面心立方		
	h, k, l	M_n	M_n / M_1	h, k, l	M_n	M_n / M_1	h, k, l	M_n	M_n / M_1
1	100	1	1	110	2	1	111	3	1
2	110	2	2	200	4	2	200	4	1.33
3	111	3	3	211	6	3	220	8	2.66
4	200	4	4	220	8	4	311	11	3.67
5	210	5	5	310	10	5	222	12	4
6	211	6	6	222	12	6	400	16	5.33
7	220	8	8	321	14	7	331	19	6.33
8	300, 221	9	9	400	16	8	420	20	6.67
9	310	10	10	411, 300	18	9	422	24	8
10	311	11	11	420	20	10	333, 511	27	9

三、实验仪器

本实验所用仪器为 WDY–IV 型的电子衍射仪。其主要有电子枪装置、真空系统、照相

装置 3 部分组成。

① 电子装置：主要由高压电源、阴极、阴极固定套等组成。阴极加热后发射电子，被阳极高压场加速后射出。图 10-5 为电子衍射仪的外观图。

② 真空系统：主要由油扩散泵、机械真空泵、储气桶、复合真空计等组成。

③ 照相装置：主要由样品台、荧光屏、数码相机等组成。当电子通过样品台上的银晶体薄膜后，在荧光屏上出现衍射环时，即可用数码相机进行拍摄衍射图。

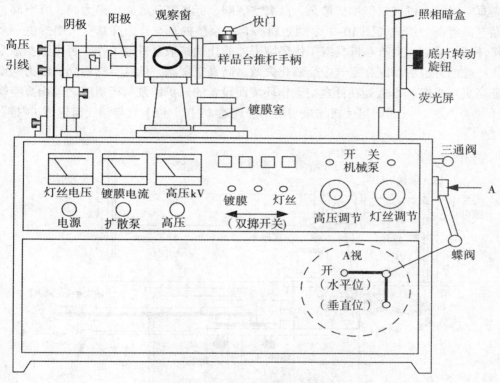

图10-5　电子衍射仪外观图

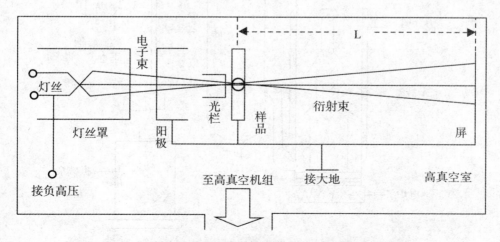

图10-6　WDY-IV型电子衍射仪的电子光学系统示意图

1. 电子光学系统

此系统处在高真空室中。由电子枪阳极、光栏、样品架、荧光屏和底片盒组成，电子枪中的灯丝通过发热后逸出的电子，在阳极高压的加速下射出，经过光栏后照射到样品上。灯丝罩和阳极组成一个简单的静电透镜，汇聚电子束。图 10-6 为 WDY-IV 型电子衍射仪的电子光学系统示意图。

2. 高真空机组

高真空机组由机械泵，油扩散泵，高真空碟阀，低真空三通阀、磁力阀、真空阀、挡油器和储气筒等部分组成（图 10-7）。通过机械真空泵预抽真空，为高真空机组提供一个低真空工作环境（4Pa），只有在低真空工作环境下才能让油扩散泵升温工作，否则油扩散泵的工作介质—硅油升温后暴露在空气中会氧化失效。高真空碟阀，低真空三通阀、磁力阀就是为了保证高真空机组基本上处在低真空工作环境而设置的。扩散泵与衍射腔之间由真空蝶阀控制"开"或"关"。三通阀可使机械泵与衍射腔连通（"拉"位）或与储气筒连通（"推"位）。

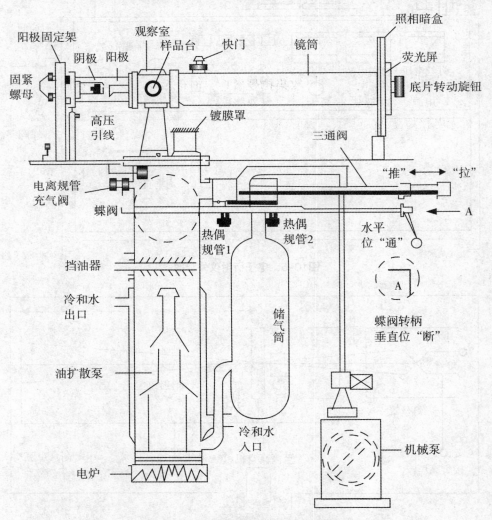

图10-7 电子衍射仪真空系统示意图

实验或镀膜时须先将衍射腔抽成低真空，然后抽成高真空。只有在抽高真空时才能打开蝶阀，其他时间都要关闭蝶阀和切断电离规管灯丝电流，以保护扩散泵和电离规管。

若需将衍射腔部分通大气时（如取底片或取已镀好的样品架），可用充气阀充入空气。但在打开充气阀前，要注意以下几点：

① 切断电离规管电源（否则电离规管会烧掉）。

② 关闭蝶阀。

③ 若机械泵仍在工作中，三通阀必须置于"推"位。

④ 为防止充气过程中吹破样品薄膜，应将样品架向前旋紧，以使样品架封在装取样品架的窗口内。

3. 真空度的测量

复合真空计用来监测高真空室和油扩散泵前级的真空度，它由电离真空计和热电偶真空计组成。

① 电离真空计。检测高真空的真空度，其真空传感器为电离真空规管。电离真空计只能在一定的真空度下才能使用，否则，电离真空计会因电离电流过大而烧毁电离真空规管。

② 热电偶真空计。测量低真空的真空度，其真空传感器为热偶真空规管。

电离规和热偶规的工作原理见实验三。

4. 电源

电气部分主要包括真空机组的供电、高压电源、镀膜及灯丝供电三部分，电源控制部分见图 10-5 面板。

① 真空机组的供电：扩散泵电炉（1 000W）直接由市电 220V 单相电源供电，机械泵由 380V 三相电源供电。

② 高压供电：取 220V 市电，经 0.5kW 自耦变压器调压，供给变压器 (220/40 000V) 进行升压，经整流滤波后变为直流高压，正端接阳极，负端接阴极，作为电子的加速电压。

③ 镀膜和灯丝供电：此两组供电线路同用一个 0.5kW 自耦变压器调压，经转换开关转换，或接通镀膜电路，或接通灯丝电路。

四、实验内容及步骤

1. 预抽真空

① 检查高真空机组中的放气阀、碟阀是否关闭，三通阀是否在推入位：检查电子衍射仪的面板和复合真空计的仪器面板上各开关是否关掉。

② 合上墙上的三相电源开关，打开复合真空计的电源开关，热偶规选择开关掷"测量1"，打开电子衍射仪电源开关，按一下机械泵"开"按钮，启动机械泵。

③ 等待机械泵对储气筒和扩散泵抽气两三分钟后，将三通阀手柄轻轻逆时针旋一下，并慢慢拉出，到"拉出"位后，再轻轻顺时针旋一下，并慢慢拉出，到"拉出"位后，再轻轻顺时针旋一下，卡住手柄，机械泵对高真空室抽气。

④ 等待复合真空计上低真空指示的气压小于5Pa后，将三通阀手柄轻轻逆时针旋一下，并慢慢推入，到推入位后，再轻轻顺时针旋一下卡住手柄，接着顺时针旋碟阀手柄到水平位置，打开碟阀。此时，机械泵经由储气筒、扩散泵、碟阀和高真空室，对整个真空系统抽气。

⑤ 等待复合真空计上低真空指示的气压再次小于5Pa后，慢慢打开扩散泵的冷却水，待

出水管有一股小手指头般粗细的水流流出即可，接着打开扩散泵开关，加热扩散泵油，待复合真空计上低真空指示的气压小于 0.1Pa 后，才能进行镀膜，这一过程大约 20min。

2. 制备底膜

由于电子束穿透能力很差，作为衍射体的多晶样品必须做得极薄才行。样品的制备是在预制好的非晶体底膜上蒸镀上几百埃厚的金属薄膜而成。非晶底膜是金属的载体，但它将对衍射电子起慢射作用而使衍射环的清晰度变差，因此底膜只能极薄才行。

样品架用紫铜做成，上面有一排直径约 0.7mm 的小孔，电子衍射样品就放置在小孔上。要通过蒸发，在小孔上生成样品，必须先在小孔上制备一层承载生成样品膜的底膜，底膜必须不产生电子衍射花样，本实验的底膜用火棉胶膜。制备步骤如下。

① 用细砂纸（如 02# 金相砂纸）将样品架打光，清除小孔处的毛刺，然后依次用甲苯丙酮、酒精超声清洗后备用。

② 取一滴浓度为 1% 的火棉胶醋酸戊脂溶液，滴到盛有蒸馏水的中号蒸发皿中，火胶醋酸戊脂溶液将在水面上迅速挥发，在水面上形成整张的平展的火棉胶膜。

③ 将样品架从火棉胶膜的边缘斜插入水中，慢慢捞起火棉胶膜，然后将样品架放置红外烤灯下烘干或空气中晾干，底膜就做好了。

3. 真空蒸发镀膜

本实验使用最简单的电阻加热方式，加热蒸发材料制备电子衍射样品。蒸发镀膜要在一定的真空度下才能进行，当钼舟到样品架的距离远小于蒸发室中空气的平均自由程时，才能减少蒸发出的粒子与空气分子的碰撞，提高蒸发出的粒子射到样品架的几率，提高薄膜的沉积速率。如 $\overline{\lambda} \geq 10l$ 时，假设蒸发室中的温度在短时间内保持在室温 20℃，由理想气体的平均自由程公式可得，蒸发室中的压强 $p \leq 1.49 \times 10^{-2}$ Pa。

蒸发源温度是影响薄膜的沉积速率的重要因素，蒸发源的温度要略高于蒸发材料的熔点。在钼舟两端通以 20A 电流，待蒸发材料开始熔化时，再稍增大电流，待见到蒸发室罩盖上略有薄膜沉积时，立即将加热电流降到零。蒸发过程要快，确保在样品架上沉积的薄膜不至于太厚。步骤如下。

① 底膜烘干后，逆时针旋转碟阀手柄到铅直位置，关闭碟阀，准备放气。放气前注意检查各个开关、阀门、旋钮是否正确放置。

② 慢慢打开放气阀，低真空表指示气压逐渐升高，待放气完成后，打开蒸发室，取出挡板，剪 1mm 宽，3mm 长的银片，放入钼舟中间处，放好挡板，取一个样品架插入样品架夹中，盖上蒸发室。

③ 关闭放气阀，将三通阀拉出，让机械泵对高真空室抽气，等待复合真空计上低真空指示的气压小于 5Pa 后，推入三通阀，打开蝶阀，待复合真空计上低真空指示的气压小于 0.1Pa 后，可以进行镀膜。

④ 将镀膜／灯丝切换开关至"镀膜"，打开镀膜开关，调节灯丝电压／镀膜调节旋钮，使镀膜电流指示到 20（满程为 100A），钼舟将渐渐发红，注意钼舟中的银片，看到银片熔化后，增大几安加热电流，同时注意蒸发室罩盖，看到局部变为浅灰色，立即减小加热电流，关掉镀膜开关，镀膜／灯丝切换开关捌中间位置。

⑤ 镀膜完成后，逆时针旋碟阀手柄到铅直位置，关闭蝶阀，慢慢打开放气阀，低真空表指示逐渐升高，待放气完成后，打开蒸发室，取出样品架，盖上蒸发室。

4. 安装样品

① 旋松样品台根部的花鼓轮，慢慢取下样品台，将旧样品架轻轻旋下，轻轻旋上新样品架，放置好样品台上的真空橡胶圈，将样品台慢慢插入衍射室，慢慢旋紧样品台根部的花鼓轮。

② 按照预抽真空的操作对高真空室抽真空，待复合真空计上低真空指示的气压小于 0.1Pa 后，打开复合真空计上的灯丝开关，观察高真空指示的变化，逐渐调小高真空指示的量程。

③ 从观察窗观察样品架，同时旋转样品台头部的花鼓轮，改变样品架的方向，让样品架与电子束垂直，旋转样品台中间的套筒鼓轮，调节样品架的位置，使样品架后退，让电子束可以直接射到荧光屏上，注意：加了高压后，不能再从观察窗观察样品架，观察窗要用铅盖盖上。

5. 观察并记录电子衍射花样

① 待气压小于 5×10^{-3}Pa 后，将镀膜 / 灯丝切换开关掷 "灯丝"，打开灯丝开关，调节灯丝电压 / 镀膜调节旋钮，使灯丝电压指示 100V，点亮灯丝。

② 打开高压开关，调节高压调节旋钮，先使高压指示为 15kV，观察荧光屏上的光点是明亮的，无重影的。若有重影，则需要调整灯丝、灯丝罩、阳极、光栏共轴。

③ 一只手握着样品台头部的花鼓轮不让其转动，另一只手旋转样品台中间的套筒鼓轮，调节样品架的位置，使样品架前伸，让电子束打到样品架上的小孔，在荧光屏上可以看到光点。

④ 将高压加到 20kV 以上，若样品制备得好，则可以在荧光屏上看到衍射花样。微微调动样品台头部的花鼓轮和中间的套筒鼓轮，使衍射花样清晰；适当增加灯丝电压，可提高衍射花样的亮度；继续增加高压，可以看到衍射环向中心收缩，衍射环数增多。

⑤ 将透明的刻度尺贴在荧光屏上，调整位置使其一边沿在衍射图样的直径位置，将数码相机上的滑块开关打到 "拍摄" 位置，选用 "夜景"、"微距离模式"、"闪光灯关闭" 等参量，将高压增加到 30kV，拍摄衍射花样。适当减小和增加灯丝电压，再各拍摄一次。

⑥ 高压和灯丝电压调到最小，关掉高压，关闭灯丝开关，关闭蝶阀与三通阀。一个小时后关机械泵和水源。

6. 实验操作及建议

① 无论操作到哪一步，需要放气时，都要先检查电子电子衍射仪的面板上的高压调节旋钮和灯丝电压 / 镀膜旋钮是否调到最小，高压开关、镀膜 / 灯丝开关是否关掉，电子衍射仪右侧的碟阀是否关闭，三通阀是否在推入位；复合真空计的仪器面板上的灯丝开关是否关掉，高真空量程开关是否掷 10^{-1} 档，只有确认无误后，才能放气。

② 火棉胶只须取一滴。如果多了则会使底膜变厚，从而使产生衍射所需的电压很高，而产生辉光放电，烧坏电子枪，而且非常危险。

③ 捞取胶膜时样品架正面朝上且平放，否则会使胶膜面产生皱折，导致底膜不均匀且变厚。

④ 镀膜时眼睛应平视蒸发室罩盖，右手调节加热电压旋钮，左手不离镀膜开关旋钮。一旦觉察到罩盖有雾气，左手即刻关开关。拿出镀膜片后，若样品架正面微发白或发紫，即可；若是银白色，则过厚。

⑤ 在 $V_{灯丝} = 100$V，$V_{高压} = 15$kV 时，将各参数已调节好的数码相机进行调焦。再调 $V_{灯丝}$、

$V_{高压}$和样品位置，当衍射效果最好时拍照。

⑥注意：高压加到 30kV 以上后，电子枪内会出现辉光放电，引起高压回路中电流增加，烧毁高压电路中的保险丝。出现辉光放电时，应立即调低高压，所以，高压加到 30kV 以上后，应当手不离高压调节旋钮。

⑦银片最好先熔化，以除去其中杂质，再放进样品架进行镀膜。

五、实验结果与分析

1. 衍射花样的测量

① 将实验所拍摄得到的衍射花样

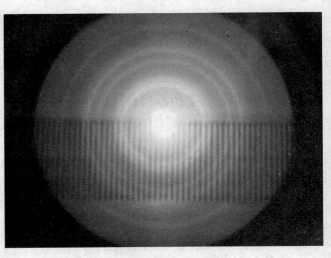

图10-8　衍射花样的测量

图片以 JEPG 类型储存在计算机上，打印图样（图 10-8）。仔细观察衍射照片，区分出各衍射环，因有的环强度很弱，特别容易数漏。然后测量出各环直径，确定其半径 $r_1, r_2, r_3, \cdots r_n$ 的值（注意，由于电子衍射线中样品对谱线的吸收较大，衍射线相对强度不十分强的全被吸收而观察不到）。

② 计算出 r_n^2/r_1^2 的值，与表 10-2 中 M_n/M_1 值对照，标出各衍射环相应的晶面指数。

③ 根据衍射环半径用式（10-12）计算电子波的波长，并与用式（10-8）算出的德布罗意波长比较，以此验证德布罗意公式。

本实验中所用的样品银为面心立方结构，晶格常数 $a = 4.085\,6$Å。样品至底片的距离 $L = 315$mm。

六、思考题

① 在本实验中是怎样验证德布罗意公式的？

② 简述衍射腔的结构及各部分作用。

③ 根据衍射环半径计算电子波的波长时，为什么首先要指标化？怎样指标化？

④ 改变高压和灯丝电压时衍射图像有什么变化？为什么？

实验十一　核磁共振

【知识点介绍】

处于静磁场中的自旋核接受一定频率的电磁波辐射，当辐射的能量恰好等于自旋核两种不同取向的能量差时，处于低能态的自旋核吸收电磁辐射能跃迁到高能态。这种现象称为核磁共振，简称 NMR。(Nuclear Magnetic Resonance))

核磁共振现象来源于原子核的自旋角动量在外加磁场作用下的进动。

根据量子力学原理，原子核与电子一样，也具有自旋角动量，其自旋角动量的具体数值由原子核的自旋量子数决定，实验结果显示，不同类型的原子核自旋量子数也不同：

质量数和质子数均为偶数的原子核，自旋量子数为 0；

质量数为奇数的原子核，自旋量子数为半整数；

质量数为偶数，质子数为奇数的原子核，自旋量子数为整数；

迄今为止，只有自旋量子数等于 1/2 的原子核，其核磁共振信号才能够被人们利用，经常为人们所利用的原子核有：1H、11B、13C、17O、19F、31P。

由于原子核携带电荷，当原子核自旋时，会由自旋产生一个磁矩，这一磁矩的方向与原子核的自旋方向相同，大小与原子核的自旋角动量成正比。将原子核置于外加磁场中，若原子核磁矩与外加磁场方向不同，则原子核磁矩会绕外磁场方向旋转，这一现象类似陀螺在旋转过程中转动轴的摆动，称为进动。进动具有能量也具有一定的频率。

原子核进动的频率由外加磁场的强度和原子核本身的性质决定，也就是说，对于某一特定原子，在一定强度的的外加磁场中，其原子核自旋进动的频率是固定不变的。

原子核发生进动的能量与磁场、原子核磁矩、以及磁矩与磁场的夹角相关，根据量子力学原理，原子核磁矩与外加磁场之间的夹角并不是连续分布的，而是由原子核的磁量子数决定的，原子核磁矩的方向只能在这些磁量子数之间跳跃，而不能平滑的变化，这样就形成了一系列的能级。当原子核在外加磁场中接受其他来源的能量输入后，就会发生能级跃迁，也就是原子核磁矩与外加磁场的夹角会发生变化。这种能级跃迁是获取核磁共振信号的基础。

为了让原子核自旋的进动发生能级跃迁，需要为原子核提供跃迁所需要的能量，这一能量通常是通过外加射频场来提供的。根据物理学原理当外加射频场的频率与原子核自旋进动的频率相同的时候，射频场的能量才能够有效地被原子核吸收，为能级跃迁提供助力。因此某种特定的原子核，在给定的外加磁场中，只吸收某一特定频率射频场提供的能量，这样就形成了一个核磁共振信号。

【预习思考题】

1.什么叫核磁共振？

2.从量子力学角度推导满足核磁共振条件的公式。

3.核磁共振中有哪两个过程同时起作用？

4. 观察核磁共振信号有哪两种方法? 并解释之。

5. 内扫描时, 核磁共振信号达到何种形式时, 其共振磁场为?

6. 外扫描时, 核磁共振信号达到何种形式时, 其共振磁场为?

7. 为什么质子样品的共振频率和氟样品的共振频率必须在同一磁场电流下测出?

8. 怎样利用核磁共振测量磁场强度?

一、实验目的

① 了解核磁共振的实验基本原理。

② 学习利用核磁共振校准磁场和测量 g 因子的方法。

二、实验仪器

永久磁铁(含扫场线圈)、探头两个(样品分别为水和聚四氟乙烯)、数字频率计、示波器等。

三、实验原理

大家知道, 氢原子中电子的能量不能连续变化, 只能取离散的数值。在微观世界中物理量只能取离散数值的现象很普遍。本实验涉及到的原子核自旋角动量也不能连续变化, 只能取离散值 $p = \sqrt{I(I+1)}\hbar$, 其中 I 称为自旋量子数, 只能取 0, 1, 2, 3, …整数值或 1/2, 3/2, 5/2, …半整数值。公式中的 $\hbar = h/2\pi$, 而 h 为普朗克常数。对不同的核素, I 分别有不同的确定数值。本实验涉及的质子和氟核 ^{19}F 的自旋量子数 I 都等于 1/2。类似地, 原子核的自旋角动量在空间某一方向, 例如 z 方向的分量也不能连续变化, 只能取离散的数值 $p_z = m\hbar$, 其中量子数 m 只能取 I, $I-1$, …, $-I+1$, $-I$ 共 (2I+1) 个数值。自旋角动量不为零的原子核具有与之相联系的核自旋磁矩, 简称核磁矩, 其大小为

$$\mu = g\frac{e}{2M}p \tag{11-1}$$

其中 e 为质子的电荷, M 为质子的质量, g (原子核的回旋磁比率) 是一个由原子核结构决定的因子。对不同种类的原子核, g 的数值不同, 称为原子核的 g 因子。值得注意的是 g 可能是正数, 也可能是负数。因此, 核磁矩的方向可能与核自旋角动量方向相同, 也可能相反。

由于核自旋角动量在任意给定的 z 方向只能取 (2I+1) 个离散的数值, 因此核磁矩在 z 方向也只能取 (2I+1) 个离散的数值;

$$\mu_z = g\frac{eh}{2m}p \tag{11-2}$$

原子核的核矩通常用 $\mu_N = e\hbar/2M$ 作为单位, μ_N 称为核磁子。采用 μ_N 作为核磁矩的单位以后, μ_z 可记为 $\mu_z = gm\mu_N$。与角动量本身的大小为 $\sqrt{I(I+1)}\hbar$ 相对应, 核磁矩本身的大小为 $g\sqrt{I(I+1)}\mu_N$。除了用 g 因子表征核的磁性质外, 通常引入另一个可以由实验测量的物理量 γ, γ 定义为原子核的磁矩与自旋角动量之比:

$$\gamma = \frac{\mu}{p} = \frac{ge}{2M}$$

$$(11-3)$$

可写成 $\mu = \gamma P$，相应地有 $\mu_z = \gamma P_z$。

当不存在外磁场时，每一个原子核的能量都相同，所有原子核处在同一能级。但是，当施加一个外磁场 B 后，情况发生变化。为了方便起见，通常把 B 的方向规定为 z 方向，由于外磁场 B 与磁矩的相互作用能为

$$E = -\mu \cdot B = -\mu_z B = -\gamma P_z B = -\gamma m \hbar B$$

$$(11-4)$$

因此量子数 m 取值不同，核磁矩的能量也就不同，从而原来简并的同一能级分裂为（2I+1）个子能级。由于在外磁场中各个子能级的能量与量子数 m 有关，因此量子数 m 又称为磁量子数。这些不同子能级的能量虽然不同，但相邻能级之间的能量间隔 $\Delta E = \gamma \hbar B$ 却是一样的。而且，对于质子而言，$I = 1/2$，因此，m 只能取 $m = 1/2$ 和 $m = -1/2$ 两个数值，施加磁场前后的能级分别如图 11-1 中的（a）和（b）所示。

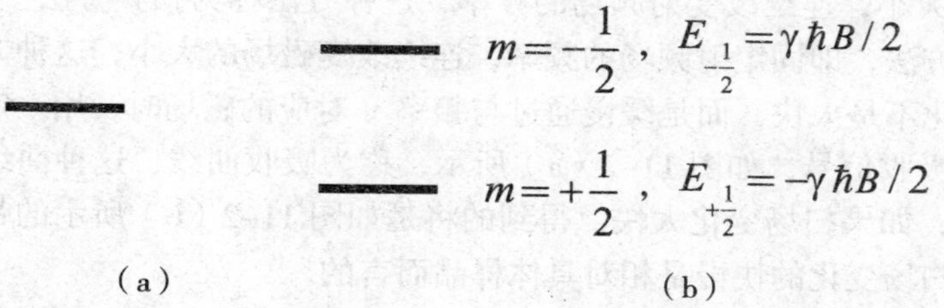

$$m = -\frac{1}{2}, \quad E_{-\frac{1}{2}} = \gamma \hbar B / 2$$

$$m = +\frac{1}{2}, \quad E_{+\frac{1}{2}} = -\gamma \hbar B / 2$$

（a）   （b）

图 11-1

当施加外磁场 B 后，原子核在不同能级上的分布服从玻尔兹曼分布，显然处在下能级的粒子数要比上能级的多，其差数由 ΔE 大小、系统的温度和系统的总粒子数决定。这时，若在与 B 垂直的方向上再施加一个高频电磁场，通常为射频场，当射频场的频率满足 $h\nu = \Delta E$ 时会引起原子核在上下能级之间跃迁，但由于一开始处在下能级的核比在上能级的要多，因此净效果是往上跃迁的比往下跃迁的多，从而使系统的总能量增加，这相当于系统从射频场中吸收了能量。

$h\nu = \Delta E$ 时引起的上述跃迁称为共振跃迁，简称为共振。显然共振时要求 $h\nu = \Delta E = \gamma \hbar B$，从而要求射频场的频率满足共振条件：

$$\nu = \frac{\gamma}{2\pi} B$$

$$(11-5)$$

如果用角频率 $\omega = 2\pi\nu$ 表示，共振条件可写成

$$\omega = \gamma B$$

$$(11-6)$$

如果频率的单位用 Hz，磁场的单位用 T（特斯拉），对裸露的质子而言，经过大量测量得到 $\gamma/2\pi$ =42.577 469MHz/T，但是对于原子或分子中处于不同基团的质子，由于不同质子所处的化学环境不同，受到周围电子屏蔽的情况不同，$\gamma/2\pi$ 的数值将略有差别，这种差别称为化学位移。对于温度为 25℃球形容器中水样品的质子，$\gamma/2\pi$ =42.577 469MHz/T，本实验可采用这个数值作为很好的近似值。通过测量质子在磁场 B 中的共振频率 ν_H 可实现对磁

场的校准，即

$$\nu = \frac{\nu_H}{\gamma / 2\pi} \qquad\qquad (11-7)$$

反之，若 B 已经校准，通过测量未知原子核的共振频率 ν 便可求出原子核的 γ 值（通常用 $\gamma/2\pi$ 值表征）或 g 因子：

$$\frac{\gamma}{2\pi} = \frac{\nu}{B} \qquad\qquad (11-8)$$

$$g = \frac{\nu/B}{\mu_N/h} \qquad\qquad (11-9)$$

其中 $\mu_N/h = 7.622\,591\,4$ MHz/T。

通过上述讨论，要发生共振必须满足 $\nu = (\gamma/2\pi)B$。为了观察到共振现象通常有两种方法：一种是固定磁场 B 的大小，连续改变射频场的频率，这种方法称为扫频方法；另一种方法，也就是本实验采用的方法，即固定射频场的频率，连续改变磁场的大小，这种方法称为扫场方法。如果磁场的变化不是太快，而是缓慢通过与频率 ν 对应的磁场时，用一定的方法可以检测到系统对射频场吸收信号，如图 11-2（a）所示，称为吸收曲线，这种曲线具有洛伦兹型曲线的特征。但是，如果扫场变化太快，得到的将是如图 11-2（b）所示的带有尾波的衰减振荡曲线。然而，扫场变化的快慢是相对具体样品而言的。

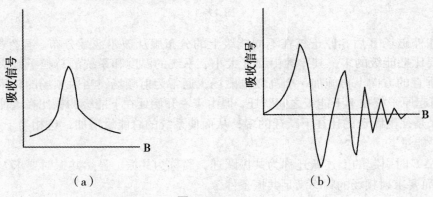

（a）　　　　　　　　　　　　　（b）

图 11-2

例如，本实验采用的扫场为频率 50Hz、幅度在 $10^{-5} \sim 10^{-3}$ T 的交变磁场，对固态的聚四氟乙烯样品而言是变化十分缓慢的磁场，其吸收信号将如图 11-2（a）所示，而对于液态的水样品而言却是变化太快的磁场，其吸收信号将如图 11-2（b）所示，而且磁场越均匀，尾波中振荡的次数越多。

四、实验仪器用具

实验装置的方框图如图 11-3 所示，它由永久磁铁、扫场线圈、DH2002 型核磁共振仪（含探头）、DH2002 型核磁共振仪电源、数字频率计、示波器。

永久磁铁：对永久磁铁的要求是有较强的磁场、足够大的均匀区和均匀性好。本实验所

用的磁铁中心磁场 B_0 约 0.48T，在磁场中心（5mm）^{3} 范围内，均匀性优于 10^{-5}。

扫场线圈：用来产生一个幅度在 10^{-5}T ~ 10^{-3}T 的可调交变磁场用于观察共振信号。扫场线圈的电流由变压器隔离降压后输出交流 6V 的电压。扫场的幅度的大小可通过调节核磁共振仪电源面板上的扫场电流电位器调节。

探头：本实验提供两个探头，其中一个的样品为水（掺有硫酸铜）；另一个为固态的聚四氟乙烯。

测试仪由探头和边限振荡器组成，液态 ^{1}H 样品装在玻璃管中，固态 ^{19}F 样品作成棍状。在玻璃管或棍状固态样品上绕有线圈，这个线圈就是一个电感 L，将这个线圈插入磁场中，

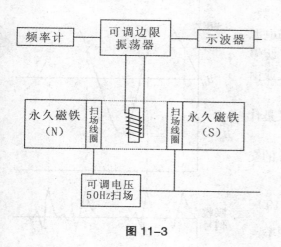

图 11-3

线圈的取向与 B_0 垂直。线圈两端的引线与测试仪中处于反向接法的变容二极管（充当可变电容）并联构成 LC 电路并与晶体管等非线性元件组成振荡电路。当电路振荡时，线圈中即有射频场产生并作用于样品上。改变二极管两端反向电压的大小可改变二极管两个之间的电容 C，由此来达到调节频率的目的。这个线圈兼作探测共振信号的线圈，其探测原理如下：

测试仪中的振荡器不是工作在振幅稳定的状态，而是工作在刚刚起振的边限状态（边限振荡器由此得名），这时电路参数的任何改变都会引起工作的变化。当共振发生时，样品要吸收射频场的能量，使振荡线圈的品质因数 Q 值下降，Q 值的下降将引起工作状态的改变，表现为振荡波形包络线发生变化，这种变化就是共振信号，经过检波、放大，经由"NMR 输出"端与示波器连接，即可从示波器上观察到共振信号。振荡器未经检波的高频信号经由"频率输出"端直接输出到数字频率计，从而可直接读出射频场的频率。

测试仪正面面板，由一个十圈电位器作为频率调节旋钮。此外，还有一个幅度调节旋钮（工作电流调节），适当调节这个旋钮可以使共振吸收的信号最大，但由于调节幅度旋钮时会改变振荡管的极间电容，从而对频率也有一定影响，"频率输出"与数字频率计连接，"NMR 输出"与示波器连接。"电压输入"与电源上的"电源输出"连接。

核磁共振仪电源前面板由"扫场电源开关"、"扫场调节"、"X 轴偏转调节"、"电源开关"组成，"扫场电源输出"与永久磁场底座上的扫场面输入连接，"电源输出"与测试仪上的"电压输入"连接，为了使示波器的水平扫描与磁场扫场同步，将扫场信号"X 轴偏转输出"与示波器上 X 轴（外接）相连，以保证在示波器上观察到稳定的共振信号。

五、实验内容与实验方法

1. 校准永久磁铁中心的磁场 B_0

把样品为水（掺有硫酸铜）的探头插入到磁铁中心，并使测试仪前端的探测杆与磁场在同一水平方向上，左右移动测试仪使它大致处于磁场的中间位置。将测试仪前面板上的"频率输出"和"NMR 输出"分别与频率计和示波器连接。把示波器的扫描速度旋钮放在 1ms/格位置，纵向放大旋钮放在 0.5V/格或 1V/格位置。"X 轴偏转输出"与示波器上 X 轴（外接）

连接，打开频率计、示波器和核磁共振仪电源的工作电源开关以及扫场电源开关，这时频率计应有读数。连接好"扫场电源输出"与磁场底座上的"扫场电源输入"打开电源开关并把输出调节在较大数值，缓慢调节测试仪频率旋钮，改变振荡频率（由小到大或由大到小）同时监视示波器，搜索共振信号。

什么情况下才会出现共振信号？共振信号又是什么样呢？

如今磁场是永久磁铁的磁场 B_0 和一个 50Hz 的交变磁场叠加的结果，总磁场为

$$B = B_0 + B' \cos \omega' t \qquad (11-10)$$

其中 B' 是交变磁场的幅度，ω' 是市电的角频率，总磁场在 $(B_0 - B') \sim (B_0 + B')$ 的范围内按图 11-4 的正弦曲线随时间变化。

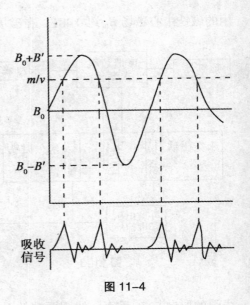

图 11-4

由（6）式可知，只有 ω/γ 落在这个范围内才能发生共振。为了容易找到共振信号，要加大 B'（即把扫场的输出调到较大数值），使可能发生共振的磁场变化范围增大；另一方面要调节射频场的频率，使 ω/γ 落在这个范围。一旦 ω/γ 落在这个范围，在磁场变化的某些时刻总磁场 $B = \omega/\gamma$，在这些时刻就能观察到共振信号，如图 11-4 所示，共振发生在 $B = \omega/\gamma$ 的水平虚线与代表总磁场变化的正弦曲线交点对应的时刻。如前所述，水的共振信号将如图 11-2（b）所示，而且磁场越均匀尾波中的振荡次数越多，因此一旦观察到共振信号后，应进一步仔细调节测试仪的左右位置，使尾波中振荡的次数最多，亦即使探头处在磁铁中磁场最均匀的位置。

由图 11-4 可知，只要 ω/γ 落在 $(B_0 - B') \sim (B_0 + B')$ 范围内就能观察到共振信号，但这时 ω/γ 未必正好等于 B_0，从图上可以看出：当 $\omega/\gamma \neq B_0$ 时，各个共振信号发生的时间间隔并不相等，共振信号在示波器上的排列不均匀。只有当 $\omega/\gamma = B_0$ 时，它们才均匀排列，这时共振发生在交变磁场过零时刻，而且从示波器的时间标尺可测出它们的时间间隔为 10ms。当然，当 $\omega/\gamma = B_0 - B'$ 或 $\omega/\gamma = B_0 + B'$ 时，在示波器上也能观察到均匀排列的共振信号，但它们的时间间隔不是 10ms，而是 20ms。因此，只有当共振信号均匀排列而且间隔为 10ms 时才有 $\omega/\gamma = B_0$，这时频率计的读数才是与 B_0 对应的质子的共振频率。

作为定量测量，我们除了要求出待测量的数值外，还关心如何减小测量误差并力图对误差的大小作出定量估计从而确定测量结果的有效数字。从图 11-4 可以看出，一旦观察到共振信号，B_0 的误差不会超过扫场的幅度 B'。因此，为了减小估计误差，在找到共振信号之后应逐渐减小扫场的幅度 B'，并相应的调节射频场的频率，使共振信号保持间隔为 10ms 的均匀排列。在能观察到和分辨出共振信号的前提下，力图把 B' 减小到最小程度，记下 B' 达到最小而且共振信号保持间隔为 10ms 均匀排列时的频率 ν_H，利用水中质子的 $\gamma/2\pi$ 值和公式（7）求出磁场中待测区域的 B_0 值。顺便指出，当 B' 很小时，由于扫场变化范围小，尾波中振荡的次数也少，这是正常的，并不是磁场变得不均匀。

为了定量估计 B_0 的测量误差 ΔB_0，首先必须测出 B' 的大小。可采用以下步骤：保持这

时扫场的幅度不变，调节射频场的频率，使共振先后发生在（B_0+B'）与（B_0-B'）处，这时图 11-4 中与 ω/γ 对应的水平虚线将分别与正弦波的峰顶和谷底相切，即共振分别发生在正弦波的峰顶和谷底附近。这时从示波器看到的共振信号均匀排列，但时间间隔为 20ms，记下这两次的共振频率 ν'_H 和 ν''_H，利用公式。

$$B'=\frac{(\nu'_H-\nu''_H)/2}{\gamma/2\pi}$$

（11-11）

可求出扫场的幅度。

实际上 B_0 的估计误差比 0′ 还要小，这是由于借助示波器上网格的帮助，共振信号排列均匀程度的判断误差通常不超过 10%，由于扫场大小是时间的正弦函数，容易算出相应的 B_0 的估计误差是扫场幅度 B' 的 80% 左右，考虑 B' 到的测量本身也有误差，可取 B' 的 1/10 作为 B_0 的估计误差，即取

$$\Delta B_0=\frac{B'}{10}=\frac{(\nu'_H-\nu''_H)/20}{\gamma/2\pi}$$

（11-12）

式（12）表明，由峰顶与谷底共振频率差值的 1/20，利用 $\gamma/2\pi$ 数值可求出 B_0 的估计误差 ΔB_0，本实验 ΔB_0 只要求保留一位有效数字，进而可以确定 B_0 的有效数字，并要求给出测量结果的完整表达式，即：$B_0=$ 测量值 ± 估计误差。

现象观察：适当增大 B'，观察到尽可能多的尾波振荡，然后向左（或向右）逐渐移动测试仪在磁场中的左右位置，使前端的样品探头从磁铁中心逐渐移动到边缘，同时观察移动过程中共振信号波形的变化并加以解释。

选做实验：利用样品为水的探头，把测试仪移到磁场的最左（或最右），测量磁场边缘的磁场大小。

2. 测量 ^{19}F 的 g 因子

把样品为水的探头换为样品聚四氟乙烯的探头，并把测试仪相同的位置。示波器的纵向放大旋钮调节到 50mV/格或 20mV/格；用与校准磁场过程相同的方法和步骤测量聚四氟乙烯中 ^{19}F 与 B_0 对应的共振频率 ν_F 以及在峰顶及谷底附近的共振频率 ν'_F 及 ν''_F，利用和公式（9）求出 ^{19}F 的 g 因子。根据公式（9），g 因子的相对误差为

$$\frac{\Delta g}{g}=\sqrt{\left(\frac{\Delta \nu_F}{\nu_F}\right)^2+\left(\frac{\Delta B_0}{B_0}\right)^2}$$

（11-13）

其中 B_0 和 ΔB_0 为校准磁场得到的结果，与上述估计 ΔB_0 的方法类似，可取 $\Delta \nu_F=(\nu'_F-\nu''_F)/20$ 作为 ν_F 的估计误差。

求出 $\Delta g/g$ 之后可利用已算出的 g 因子求出绝对误差 Δg，Δg 也只保留一位有效数字并由它确定 g 因子测量结果的完整表达式。

观测聚四氟乙烯中氟的共振信号时，比较它与掺有硫酸铜的水样品中质子的共振信号波形的差别。

实验十二　光纤信息及光通信实验

【知识点介绍】

一、光纤

光纤是光导纤维的简写，是一种利用光在玻璃或塑料制成的纤维中的全反射原理而制成的光传导工具。

微细的光纤封装在塑料护套中，使得它能够弯曲而不至于断裂。通常，光纤的一端的发射装置使用发光二极管或一束激光将光脉冲传送至光纤，光纤的另一端的接收装置使用光敏元件检测脉冲。

在日常生活中，由于光在光导纤维的传导损耗比电在电线传导的损耗低得多，光纤被用作长距离的信息传递。

光导纤维是由两层折射率不同的玻璃组成。内层为光内芯，直径在几微米至几十微米，外层的直径 0.1 ~ 0.2mm。一般内芯玻璃的折射率比外层玻璃大 1%。根据光的折射和全反射原理，当光线射到内芯和外层界面的角度大于产生全反射的临界角时，光线透不过界面，全部反射。这时光线在界面经过无数次的全反射，以锯齿状路线在内芯向前传播，最后传至纤维的另一端。

二、光纤结构及种类

1. 光纤结构

光纤裸纤一般分为三层：中心高折射率玻璃芯（芯径一般为 50 或 62.5μm），中间为低折射率硅玻璃包层（直径一般为 125μm），最外是加强用的树脂涂层。

2. 数值孔径

入射到光纤端面的光并不能全部被光纤所传输，只是在某个角度范围内的入射光才可以。这个角度就称为光纤的数值孔径。光纤的数值孔径大些对于光纤的对接是有利的。不同厂家生产的光纤的数值孔径不同。

3. 光纤的种类

（1）按光在光纤中的传输模式可分为：单模光纤和多模光纤。

多模光纤：中心玻璃芯较粗（50μm 或 62.5μm），可传多种模式的光。但其模间色散较大，这就限制了传输数字信号的频率，而且随距离的增加会更加严重。例如：600MB/km 的光纤在 2km 时则只有 300MB 的带宽了。因此，多模光纤传输的距离就比较近，一般只有几公里。

单模光纤：中心玻璃芯较细（芯径一般为 9μm 或 10μm），只能传一种模式的光。因此，其模间色散很小，适用于远程通讯，但其色度色散起主要作用，这样单模光纤对光源的谱宽和稳定性有较高的要求，即谱宽要窄，稳定性要好。

（2）按最佳传输频率窗口分：常规型单模光纤和色散位移型单模光纤。

常规型：光纤生产厂家将光纤传输频率最佳化在单一波长的光上，如 1 300nm。

色散位移型：光纤生产长家将光纤传输频率最佳化在两个波长的光上，如：1 300nm 和

1 550nm。

(3)按折射率分布情况分：突变型和渐变型光纤。

突变型：光纤中心芯到玻璃包层的折射率是突变的。其成本低，模间色散高。适用于短途低速通讯，例如：工控。但单模光纤由于模间色散很小，所以单模光纤都采用突变型。

渐变型光纤：光纤中心芯到玻璃包层的折射率是逐渐变小，可使高模光按正弦形式传播，这能减少模间色散，提高光纤带宽，增加传输距离，但成本较高，现在的多模光纤多为渐变型光纤。

三、光纤的衰减

造成光纤衰减的主要因素有：本征，弯曲，挤压，杂质，不均匀和对接等。

本征：是光纤的固有损耗，包括：瑞利散射，固有吸收等。

弯曲：光纤弯曲时部分光纤内的光会因散射而损失掉，造成的损耗。

挤压：光纤受到挤压时产生微小的弯曲而造成的损耗。

杂质：光纤内杂质吸收和散射在光纤中传播的光，造成的损失。

不均匀：光纤材料的折射率不均匀造成的损耗。

对接：光纤对接时产生的损耗，如：不同轴（单模光纤同轴度要求小于 $0.8\mu m$），端面与轴心不垂直，端面不平，对接心径不匹配和熔接质量差等。

四、光纤传输优点

直到 1960 年，美国科学家 Maiman 发明了世界上第一台激光器后，为光通讯提供了良好的光源。随后二十多年，人们对光传输介质进行了攻关，终于制成了低损耗光纤，从而奠定了光通讯的基石。从此，光通讯进入了飞速发展的阶段。

光纤传输有许多突出的优点：

1. 频带宽

频带的宽窄代表传输容量的大小。载波的频率越高，可以传输信号的频带宽度就越大。

2. 损耗低

在同轴电缆组成的系统中，最好的电缆在传输 800MHz 信号时，每公里的损耗都在 40dB 以上。相比之下，光导纤维的损耗则要小得多，传输 $1.31\mu m$ 的光，每公里损耗在 0.35dB 以下，若传输 $1.55\mu m$ 的光，每公里损耗更小，可达 0.2dB 以下。

3. 重量轻

因为光纤非常细，单模光纤芯线直径一般为 $4\sim10\mu m$，外径也只有 $125\mu m$，加上防水层、加强筋、护套等，用 $4\sim48$ 根光纤组成的光缆直径还不到 13mm，比标准同轴电缆的直径 47mm 要小得多，加上光纤是玻璃纤维，比重小，使它具有直径小、重量轻的特点，安装十分方便。

4. 抗干扰能力强

因为光纤的基本成分是石英，只传光，不导电，不受电磁场的作用，在其中传输的光信号不受电磁场的影响，故光纤传输对电磁干扰、工业干扰有很强的抵御能力。也正因为如此，在光纤中传输的信号不易被窃听，因而利于保密。

5. 保真度高

因为光纤传输一般不需要中继放大，不会因为放大引入新的非线性失真。只要激光器的线性好，就可高保真地传输电视信号。

6. 工作性能可靠

因为光纤系统包含的设备数量少（不像电缆系统那样需要几十个放大器），可靠性自然也就高，加上光纤设备的寿命都很长，无故障工作时间达 50 万～ 75 万小时，其中寿命最短的是光发射机中的激光器，最低寿命也在 10 万小时以上。故一个设计良好、正确安装调试的光纤系统的工作性能是非常可靠的。

7. 成本不断下降

由于制作光纤的材料（石英）来源十分丰富，随着技术的进步，成本还会进一步降低；而电缆所需的铜原料有限，价格会越来越高。显然，今后光纤传输将占绝对优势，成为建立全省、以至全国有线电视网的最主要传输手段。

【预习思考题】

1. 什么是光纤？光纤的基本结构是什么？
2. 光纤通信的优点有哪些？
3. 什么是单模光纤？什么是多模光纤？二者有何区别？
4. 什么是光纤数值孔径？
5. 什么是光纤传输损耗？
6. 造成光纤衰减的因素有哪些？
7. 光纤传感器有哪两种？
8. 光纤传感器的工作原理是什么？

项目一　光纤光学基本知识演示

一、实验目的

通过具体演示，使实验者对光纤光学有基本的认识，为以后的实验打下基础。

二、实验仪器用具

光纤干涉演示仪 1 台（633nm 单模分束器 1 个；温度控制系统；压力控制系统；光纤耦合架 1 个；SZ － 42 型调整架 1 个，光纤架 1 个，SZ － 13C 型调整架 1 个）；GY － 10 型 He － Ne 激光器 1 套；手持式光源 1 台；SGN － 1 光功率测试仪 1 台；手持式光功率计 1 台；633nm 单模光纤 1m；普通通信光纤跳线 3m；光纤切割刀 1 套。

三、实验内容

演示 1　观察光纤基模场远场分布

操作　取一根约 1m 长的 633nm 单模光纤，剥去其两端的涂敷层，用光纤切割刀切制光学端面，然后参照图 12-1 示意，由物镜将激光从任一端面耦合进光纤，用白屏接收光纤输出端的光斑，观察光场分布。其中，中心亮的部分对应纤芯中的模场，外围对应包层中的场分布。

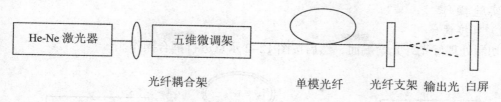

图12-1 光纤基模场远场分布

演示2 观察光纤输出的近场和远场图案

操作 取一根普通通信光纤（单模、多模皆可，相对633nm为多模光纤），参照演示1的操作步骤，将He—Ne激光器的输出光束经耦合器耦合进入光纤，用白屏接收出射光斑，分别观察其近场和远场图案。

演示3 观察光纤输出功率和光纤弯曲（所绕圈数及圈半径）的关系

操作 取一根约3m长的普通通信光纤（为方便起见，可带Fc/Pc接头），将光源输出的光耦合进光纤，由手持式光功率计检测光纤输出光的功率，并记录此时的功率读数；将光纤绕于手上，改变绕的圈数和圈半径，观察并分析光纤输出功率与所绕圈数及圈半径大小的关系。

项目二 光纤与光源耦合方法实验

一、实验目的

① 学习光纤与光源耦合方法的原理。
② 实验操作光纤与光源耦合。

二、实验内容

1. 耦合方法

光纤与光源的耦合有直接耦合和经聚光器件耦合两种。聚光器件有传统的透镜和自聚焦透镜之分。自聚焦透镜的外形为"棒"形（圆柱体），所以也称之为自聚焦棒。实际上，它是折射率分布指数为2（即抛物线型）的渐变型光纤棒的一小段。

直接耦合是使光纤直接对准光源输出的光进行的"对接"耦合。这种方法的操作过程是：将用专用设备使切制好并经清洁处理的光纤端面靠近光源的发光面，并将其调整到最佳位置（光纤输出端的输出光强最大），然后固定其相对位置。这种方法简单，可靠，但必须有专用设备。如果光源输出光束的横截面面积大于纤芯的横截面面积，将引起较大的耦合损耗。

经聚光器件耦合是将光源发出的光通过聚光器件将其聚焦到光纤端面上，并调整到最佳位置（光纤输出端的输出光强最大）。这种耦合方法能提高耦合效率。耦合效率 η 的计算公式为：

$$\eta = \frac{p_1}{p_2} \times 100\% \quad \text{或} \quad \eta = -10\lg\frac{p_1}{p_2} \text{ 单位为 } dB$$

式子中 P_1 为耦合进光纤的光功率（近似为光纤的输出光功率）。P_2 为光源输出的光功率。

2. 实验操作

（1）直接耦合

① 切制处理好光纤光学端面，然后按图12-2示意进行耦合操作。

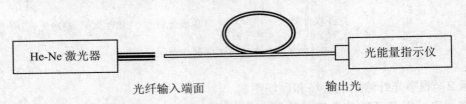

光纤输入端面   输出光

图12-2　直接耦合原理示意图

② 计算耦合效率，对自己的工作进行评估。

（2）透镜耦合

① 切制处理好光纤光学端面，然后按示意图12-3进行耦合操作。

② 计算耦合效率，对自己的工作进行评估。

③ 比较、评估两种耦合方法的耦合效率。

光纤耦合架   光纤   输出光

图12-3　聚光器件耦合原理示意图

项目三　多模光纤数值孔径（NA）测量实验

一、实验目的

① 学习光纤数值孔径的含义及其测量方法。

② 实验操作远场光斑法测量多模光纤的数值孔径。

数值孔径（NA）是多模光纤的一个重要参数。它表示光纤收集光的本领的大小以及与光源耦合的难易程度。光纤的 NA 值高，收集、传输能量的本领就大。

二、实验内容

1. 光纤数值孔径的几种定义

（1）最大理论数值孔径 $NA_{max,t}$ 的数学表达式为

$$NA_{max,t} = n_0 \cdot \sin\theta_{maxi} = \sqrt{n_1^2 - n_2^2} \approx n_1\sqrt{2\Delta}$$

式中 θ_{maxi} 为光纤允许的最大入射角，n_0 为周围介质的折射率，空气中为 1，n_1 和 n_2 分别为光纤纤芯中心和包层的折射率，$\Delta = \dfrac{n_1 - n_2}{n_1}$ 为相对折射率差。最大理论数值孔径 $NA_{max,t}$ 由

光纤的最大入射角的正弦值决定。

（2）远场强度有效数值孔径

远场强度有效数值孔径是通过测量光纤远场强度分布确定的，它定义为光纤远场辐射图上光强下降到最大值的 5% 处的半张角的正弦值。CCITT（国际电报电话咨询委员会）组织规定的数值孔径指的就是这种数值孔径 NA，推荐值为（0.18 ～ 0.24）±0.02。

2.光纤数值孔径的测量

（1）远场光强法

远场光强法是 CCITT 组织规定的 G.651 多模光纤的基准测试方法。该方法对测试光纤样品的处理有严格要求，并且需要很高的仪器设备：强度可调的非相干稳定光源；具有良好线性的光检测器等。

（2）远场光斑法

这种测试方法的原理本质上类似于远场光强法，只是结果的获取方法不同。虽然不是基准法，但简单易行，而且可采用相干光源。原理性实验多半采用这种方法。其测试原理如图 12-4 所示。

测量时，在暗室中将光纤出射远场投射到白屏上（最好贴上坐标格纸，这样更方便），测量光斑直径（或数坐标格），通过下面式子计算出数值孔径。

$$NA = k \cdot d$$

式子中 k 为一常数，可由已知数值孔径的光纤标定；d 为光纤输出端光斑的直径。例如，设光纤输出端到接收屏的距离为 50cm，$k = 0.01$，$d = 20$cm，立即可以算出数值孔径为 0.20。

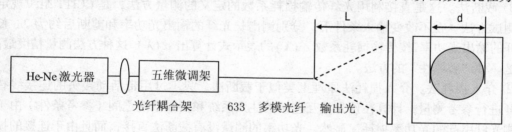

图12-4 远场光斑法原理图

对于未知的 k，我们可以由上述的距离和光斑直径根据 $\theta = arctg\,(d/2L)$ 求出 θ，再由 $NA = \sin\theta$ 求出 NA 的近似值。建议我们在实验中采用该方法。

注：本实验提供的多模光纤的数值孔径为 0.275 ±0.015。

项目四 光纤传输损耗性质及测量实验

一、实验目的

①学习光纤传输损耗的含义、表示方法及测量方法。

②实验操作截断法测量光纤的传输损耗。

二、实验仪器用具

光纤干涉演示仪 1 台；GY — 10 型 He — Ne 激光器 1 套；SGN — 1 光能量指示仪 1 台；通信光纤 1 盘；光纤切割刀 1 套。

三、实验内容

1. 光纤传输损耗特性和测量方法

（1）光纤传输损耗的含义和表示方法

光波在光纤中传输，随着传输距离的增加，光波强度（或光功率）将逐渐减弱，这就是传输损耗。光纤的传输损耗与所传输的光波长 λ 相关，与传输距离 L 成正比。

通常，以传输损耗系数 $\alpha(\lambda)$ 表示损耗的大小。光纤的损耗系数为光波在光纤中传输单位距离所引起的损耗，常以短光纤的输出光功率 P_1 和长光纤的输出光功率 P_2 之比的对数表示，即：

$$\alpha(\lambda) = \frac{1}{L}10\lg\frac{P_1}{P_2}, \text{单位为 } dB/km$$

光纤的传输损耗是由许多因素所引起的，有光纤本身的损耗和用作传输线路时由使用条件造成的损耗。

（2）光纤的传输损耗的测量方法

光纤传输损耗测量的方法有截断法、介入损耗法和背向散射法等多种测量方法。

① 截断法。这是直接利用光纤传输损耗系数的定义的测量方法，是 CCITT 组织规定的基准测试方法。在不改变输入条件下，分别测出长光纤的输出光功率和剪断后约为 2m 长的短光纤的输出光功率，按传输损耗系数 $\alpha(\lambda)$ 的表示式计算出 $\alpha(\lambda)$。这种方法测量精度最高，但它是一种"破坏性"的方法。

② 介入损耗法。介入损耗法原理上类似于截断法，只不过用带活动接头的连接线替代短光纤进行参考测量，计算在预先相互连接的注入系统和接收系统之间（参考条件）由于插入被测光纤引起的光功率损耗。显然，光功率的测量没有截断法直接，而且由于连接的损耗会给测量带来误差。因此这种方法准确度和重复性不如截断法。

③ 背向散射法。背向散射法是通过光纤中的后向散射光信号来提取光纤传输损耗的一种间接的测量方法。只需将待测光纤样品插入专门的仪器就可以获取损耗信息。不过这种专门仪器设备（光时域反射计—OTDR）价格昂贵。

2. 实验操作截断法测量光纤的传输损耗

本操作以截断法做原理性的实验。如示意图 12-5。

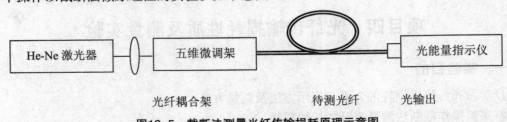

图12-5　截断法测量光纤传输损耗原理示意图

项目五 光纤分束器参数测量实验

一、实验目的

① 了解光纤分束器及其用途和性能参数。
② 实验操作光纤分束器参数测量。

二、实验内容

1. 光纤分束器和用途

光纤分束器是对光实现分路、合路、插入和分配的无源器件。在光纤通信系统中,用于数据母线和数据线路的光信号的分路和接入,以及从光路上取出监测光以了解发光元件和传输线路的特性和状态;在光纤用户网、区域网、有线电视网中,光纤分束器更是必不可缺的器件;在光纤应用领域的其它许多方面光纤分束器也都被派上了各自的用场,它的应用将越来越广泛。

光纤分束器的种类很多,它可以由两根以上(最多可达100多根)的光纤经局部加热熔合而成。最基本的是一分为二,分束比可根据需要选择。光纤分束器的工作原理是利用渐逝场耦合的原理。在渐逝场耦合时,光的能量通过纤芯之间的电磁场重叠从一根光纤传输到另一根光纤。由于光纤渐逝场是一个按指数规律衰减的场,所以两根光纤的纤芯必须紧紧地靠在一起。图12-6给出了光纤分束器的示意图。

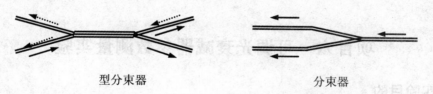

型分束器   分束器

图12-6 光纤型分束器示意图

这种光纤型分束器的制作步骤要经过几道工序:首先去掉光纤的被覆材料,再将两根光纤平行安装在熔融延伸设备上,接着给光纤加热使之融合在一起,然后渐渐地将耦合部分的光纤直径拉成 20 ~ 40μm 左右(其拉伸程度不同,耦合比也不同),最后套上保护套。

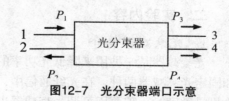

图12-7 光分束器端口示意

2. 光纤分束器主要特性参数

光纤分束器的主要特性参数是分光比,插入损耗和隔离度。

（1）分光比

分光比等于输出端口的光功率之比。例如,图 12-7 中输出端口 3 与输出端口 4 的光功率之比 $P3 / P4=3 / 7$,则分光比为 3:7。通常的 3dB 耦合器,两个输出端口的光功率之比为 1:1。对于两个输出端口的光方向耦合器,分光比可为 1:1 ~ 1:99 之间。

（2）插入损耗

插入损耗表示光分束器损耗的大小,插入损耗用各输出端口的光功率之和与输入光功率之比的对数表示，单位为分贝（dB）。例如，由端口1输入光功率P_1，由端口3和端口4输出的光功率为P_3和P_4，用表示插入损耗，则

$$\alpha = -10\lg\frac{P_3 + P_4}{P_1}$$ 的单位为 dB

一般情况下，要求 $\alpha \leq 0.5dB$。

（3）隔离度　从光分束器端口示意图中的端口1输入的光功率P_1，应从端口3和端口4输出，理论上，端口2不该有光输出，而实际上端口2有少量光功率P_2输出，P_2的大小就表示了1、2两个端口间的隔离度。如用符号A_{1-2}表示端口1、2的隔离度，那么

$$A_{1-2} = -10\lg\frac{P_2}{P_1}$$ 的单位为 dB

3．实验操作

在光纤分束器简介的基础上，参照图12-8对光纤分束器的性能进行测量。

图12-8　光纤分束器性能测试示意图

项目六　可调光衰减器参数测量实验

一、实验目的

① 了解光衰减器及其用途和性能参数。
② 实验操作可调光衰减器参数测量。

二、实验内容

1．光衰减器简介

光衰减器是一种用来降低光功率的光无源器件。根据不同的应用，它分为可调光衰减器和固定光衰减器两种。在光纤通信中，可调光衰减器主要用于调节光线路电平，在测量光接收机灵敏度时，需要用可调光衰减器进行连续调节来观察光接收机的误码率；在校正光功率计和评价光传输设备时，也要用可调光衰减器。固定光衰减器结构比较简单，如果光纤通信线路上电平太高就需要串入固定光衰减器。光衰减器不仅在光纤通信中有重要应用，而且在光学测量、光计算和光信息处理中也都是不可缺少的光无源器件。

光衰减器的衰减机理有三种：耦合型、反射型和吸收型。耦合型光衰减器是通过输入、输出光束对准偏差的控制来改变耦合量的大小，达到改变衰减量的目的。反射型光衰减器是在玻璃基片上镀反射膜作为衰减片。由膜层的厚度改变反射量的大小，达到改变衰减量的目的。为了避免反射光的再入射而影响衰减器性能的稳定，衰减片与光轴按一定角度倾斜放置。倾斜角一般取10°或5°。吸收型光衰减器采用光学吸收材料制成衰减片，因这种衰减片的反

射光很小，光可以垂直入射到衰减片上。图 12-9 给出光衰减器的结构示意，其中（a）为反射型结构图，（b）为一种较实用的吸收型光衰减器的结构示意图。

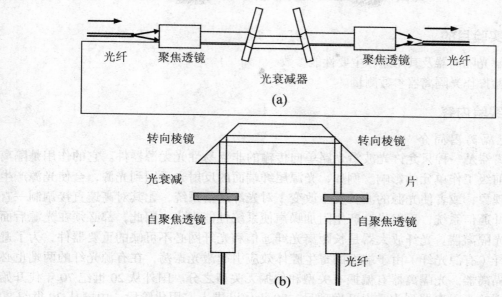

图12-9 光衰减器结构示意图

光纤通信中用的光衰减器一般带有光纤活动连接器。光纤输入的光经聚焦透镜变成平行光束，平行光束经过衰减片后再送到自聚焦透镜耦合到输出光纤中。

可调光衰减器一般采用光衰减片旋转式结构，衰减片的不同区域对应金属膜的不同厚度。根据金属膜厚度的不同分布，可做成连续可调式和步进可调式。为了扩大光衰减的可调范围和精度，采用衰减片组合的方式，将连续可调的衰减片和步进可调衰减片组合使用。可变衰耗器的主要技术指标是衰减范围、衰减精度、衰耗重复性、插入损耗等。步进可调式光衰减器一般每步为 10dB，如 5 步进式的最大衰减量为 10dB×5=50dB。连续可调衰减器可在 0 ~ 60dB 连续可调。衰减精度随衰减量大小有所不同，国产 QSK 型可调衰减器精度在 ±0.5 ~ ±3.0dB。插入损耗 ≤ 4dB。

对于固定式光衰减器，在光纤端面按所要求镀上有一定厚度的金属膜即可以实现光的衰耗；也可以用空气衰耗式，即在光的通路上设置一个几微米的气隙，即可实现光的固定衰耗。

2. 实验操作测量可调光衰减器的特性参数

根据实验对象，选择具体的操作内容。参照示意图 12-10。

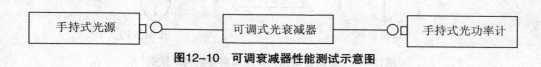

图12-10 可调衰减器性能测试示意图

项目七　光纤隔离器参数测量实验

一、实验目的

① 了解光隔离器及其用途和主要性能参数。

② 实验操作光隔离器参数测量。

二、实验内容

1. 光隔离器简介

光隔离器是一种只允许光波沿光路单向传输的非互易性光无源器件。它的作用是隔离反向光对前级工作单元的影响。例如，光源尾纤端面的反射光反回到光源，会使光源产生不稳定的现象，或者使光源的波长发生改变；对光纤通信系统，尤其对高速直接调制—直接检测光纤通信系统，反射光会产生附加噪声使系统性能劣化；因此，都必须在光源后面串入一个光隔离器。光纤放大器是长距离光纤通信和光纤网必不可缺的重要器件，为了避免掺杂光纤（有源光纤）由于端面的寄生腔体效应引起激光振荡，在有源光纤的两端也必须串接光隔离器。光隔离器有偏振有关型和偏振无关型之分。国外从 20 世纪 70 年代开始将光通信用的光隔离器列为重点开发项目。80 年代已进入实用化阶段。中国从 20 世纪 80 年代开始研制开发工作，到现在已取得突破性进展，其主要技术指标已达到国际水平，并已用于实际系统和各种试验中。

光隔离器的主要技术指标有：插入损耗、反向隔离度和回波损耗等。目前，在 1 310nm 波段和 1 550nm 波段反向隔离度都可做到 40dB 以上。光通信系统对光隔离器性能的要求是，正向插入损耗低、反向隔离度高、回波损耗高、器件体积小、环境性能好。

2. 光隔离器的工作原理

光隔离器有偏振相关光隔离器（包括空间型和全光纤型）和偏振无关光隔离器两种，它们的工作原理不尽相同，这里只对空间型偏振相关光隔离器的工作原理作介绍。

对于偏振相关光隔离器，由于不论入射光是否为偏振光，经过这种光隔离器后的出射光均为线偏振光，因而称之为偏振相关光隔离器。

该光隔离器的结构包括两个偏振器和一个法拉第旋光器，两个偏振器的偏振方向成 45°，法拉第旋光器置于两个偏振器之间，结构示意如图 12-11 所示。

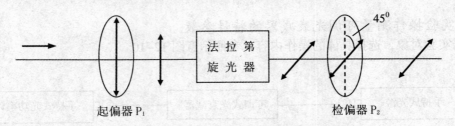

图12-11　空间型偏振相关光隔离器结构示意图

入射光经过第一个偏振器 P_1 时，输出光为线偏振光，经法拉第旋光器后，其偏振面被旋转 45°，与第二个偏振器 P_2 的偏振方向一致，于是光信号顺利通过。而对于后向光（经输出端进入的光），先进入偏振器 P_2，使其偏振方向与 P_2 偏振方向一致，经法拉第旋光器后，由于法拉第旋光器的非互易性，被法拉第旋光器继续旋转 45°，其偏振方向与 P_1 偏振方向正交而不能通过 P_1，起到了反向隔离的作用。

3. 光隔离器的主要性能、指标

（1）插入损耗

光隔离器的插入损耗由下列式子表示：

$$\alpha_L = -10\lg\frac{P_{out}}{P_{in}} \text{，单位为 } dB$$

式中 P_{out}、P_{in} 为光隔离器的输入、输出光功率。插入损耗主要由构成光隔离器的偏振器、法拉第旋光元件，准直器等元件的插入光损耗产生的。光隔离器的插入损耗一般在 0.5dB 以下，最好的指标可以达到 0.1dB 以下。

（2）隔离度

隔离度是光隔离器的重要指标之一，用符号 I_{SO} 表示。数学表达式为

$$I_{SO} = -\lg(\frac{P_R^{'}}{P_R})$$

式中 P_R、$P_R^{'}$ 分别为反向输入、输出光功率。无论哪种型号的光隔离器，其隔离度应在 30dB 以上，越高越好。

（3）回波损耗　光隔离器的回波损耗定义为：光隔离器的正向输入光功率 P_{in} 和反回到输入端的光功率之比，由下面式子表示

$$\alpha_{RL} = -\lg(\frac{P_{in}^{'}}{P_{in}})$$

回波直接影响系统的性能，所以回波损耗是一个相当重要的指标。优良的光隔离器其回波损耗都在 55dB 以上。

随着光纤通信网络的进一步发展，特别是光纤放大器、CATV 网、光信息处理、GB/s 级高速光通信及相干光通信等技术的进一步推广，光隔离器也正向着高性能、微型化、集成化、多功能、低价格方向发展。尽管未来的光隔离器很可能是一种微型化的高性能集成器件，如波导隔离器，但由于波导型光隔离器目前尚处于实验室研究阶段，离实用化还比较远，所以还需要投入大量的人力和物力做深入细致的研究工作，才可能有较大的发展。另一方面，由于光隔离器所用光学材料价格较高、工艺复杂，因此隔离器的价格也较高。

三、实验操作

测量光隔离器的特性参数

根据实验对象，选择具体的操作内容。图 12-12 为示意图。

图12-12　光隔离器性能测试示意图

项目八 M—Z光纤干涉实验

一、实验目的

① 了解 M—Z 干涉的原理和用途。
② 实验操作调试 M—Z 干涉仪并进行性能测试。

二、实验内容

1. M—Z干涉仪的原理和用途

以光纤取代传统 M—Z(马赫—泽得尔)干涉仪的空气隙,就构成了光纤型 M—Z 干涉仪。这种干涉仪可用于制作光纤型光滤波器、光开关等多种光无源器件和传感器,在光通信、光传感领域有广泛的用途,其应用前景非常美好。

光纤型 M—Z 干涉仪实际上是由分束器构成。当相干光从光纤型分束器的输入端输入后,在分束器输出端的两根长度基本相同的单模光纤会合处产生干涉,形成干涉场。干涉场的光强分布(干涉条纹)与输出端两光纤的夹角及光程差相关。令夹角固定,那么外界因素改变的光程差直接和干涉场的光强分布(干涉条纹)相对应。

2. 实验操作

① 按图 12-13 所示仔细将光耦合进光纤分束器的输入端,此时可用光能量指示仪监测,固定好位置;精心调试分束器输出端两根光纤的相对位置,使其在会合处产生干涉条纹。
② 固定调试好的相对位置,分析观察到的现象。

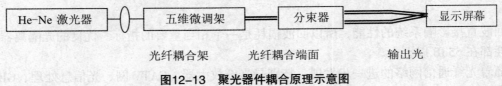

图12-13 聚光器件耦合原理示意图

项目九 光纤压力传感原理实验

一、实验目的

① 了解传感的意义。
② 操作光纤压力传感原理实验。

二、实验内容

1. 光纤M—Z型压力传感原理

M—Z 干涉仪型传感器属于双光束干涉原理,由双光束干涉的原理可知,干涉场的干涉光强为 I,δ 为干涉仪两臂的光程差对应的位相差,δ 等于 2π 整数倍时为干涉场的极大值(图

12—14 ）。

$$I \propto (1+\cos\delta)$$

压力改变了干涉仪其中一臂的光程，于是改变了干涉仪两臂的光程差，即位相差，位相差的变化由按上式规律变化的光强反映出来。

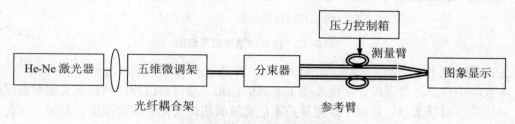

图12—14 压力传感原理示意图

2. 实验操作

本实验中传感量是压力，压力改变了光波的位相，通过对位相的测量来实现对压力的测量。具体的测量技术是运用干涉测量技术把光波的相位变化转换为强度（振幅）变化，实现对压力的检测。操作方案采用光纤干涉仪进行对压力传感的测量，利用干涉仪的一臂作参考臂，另一臂作测量臂（改变应力），配以检测显示系统就可以实现对压力传感的观测。

本操作只对压力引起光波参数改变作定性的干涉图案的变化观测。详细的量化可参考专门资料。

注：变形光纤长度为 60mm。

项目十　光纤温度传感原理实验

一、实验目的

① 了解传感的意义。

② 了解光纤温度传感原理。

二、实验内容

1. 传感的意义和传感器定义

在信息社会中，人们的一切活动都是以信息的获取和信息的交换为中心的。传感器是信息技术的三大技术之一。随着信息技术进入新时期，传感技术也进入了新阶段。"没有传感器技术就没有现代科学技术"的观点已被全世界所公认，因此，传感技术受到各国的重视，特别是倍受发达国家的重视，中国也将传感技术纳入国家重点发展项目（图 12—15 ）。

传感器定义：能感受规定的被测的量，并按照一定规律转换成可用的输出信号的器件或装置称为传感器。

光纤传感器有两种，一种是通过传感头（调制器）感应并转换信息，光纤只作为传输线路；另一种则是光纤本身既是传感元件，又是传输介质。光纤传感器的工作原理是，被测的量改变了光纤的传输参数或载波光波参数，这些参数随待测信号的变化而变化。光信号的变化反映了待测物理量的变化。

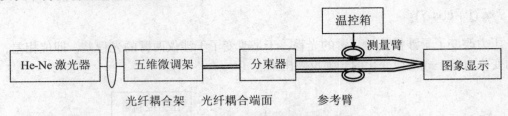

图12-15　温度传感原理示意图

2. 实验操作

本实验中传感量是温度，温度改变了光波的位相，通过对位相的测量来实现对温度的测量。具体的测量技术是，运用干涉测量技术把光波的相位变化转换为强度（振幅）变化，实现对温度的检测。操作步骤参考实验八。光纤 M—Z 型干涉仪进行对温度传感的测量，利用干涉仪的一臂作参考臂，另一臂作测量臂（改变温度），配以检测显示系统就可以实现对温度传感的观测。本操作只对温度引起光波参数改变作定性的干涉图案的变化观测。详细的量化可参考专门资料。

参考文献

［1］赵凯华，钟锡华 . 光学（下册），第一版 . 北京：北京大学出版社，2008.

［2］褚圣麟 . 原子物理学，第一版，北京：高等教育出版社，2000.

［3］吴思诚 . 近代物理实验，第二版，北京：北京大学出版社，1995.